戦後日本政策過程の原像

計画造船における政党と官僚制

若林 悠 著

吉田書店

戦後日本政策過程の原像

目次

凡例

1　資料および先行研究を引用する際、引用文は原則として旧字体を新字体に改めた。引用文中の句点を補ったり、丸囲み数字や括弧付き数字などの見出しの一部は適宜修正したところがある。また資料名および研究文献名も同様に旧字体を新字体に改めたが、人名等の一部は旧字体のままとしたところもある。

2　引用文の省略部分は（中略）と（以下、省略）で記した。

3　引用文への註記は〔　〕で記した。

序章

戦後日本にとっての計画造船

政党と官僚制、政治家と官僚の交錯過程を扱う政官関係は、日本の政治や行政を理解するための主要なテーマであり続けてきた[1]。制度や政策をめぐって既存の秩序を流動化させ再編成を図る政党と、秩序を合理的に維持しようとする官僚制との競合や協調の結果は、政策過程の行方を大きく左右するからである。それゆえ、一九九〇年代以降の政治改革や行政改革、あるいはそれらの帰結ともいえる自由民主党と民主党による二度の政権交代は、政官関係や両者を取り巻く業界団体などの諸アクターとの相互作用に影響を及ぼし、現代日本における政策過程の構造的把握に対する再考を迫るものとなっている[2]。

往々にして現代日本の政策過程の構造的特徴へと接近する際には、一九五五年体制と呼ばれ、自民党の長期政権下で定着した戦後日本の政策過程に対する理解が引照基準の一つとなってきた[3]。政官業の強固な「鉄の三角形」による利益誘導政治、事前審査制と呼ばれる与党優位の政策決定手続きなどが代表的である。利益誘導政治は、二〇〇〇年代以降の首相および官邸への権力の集権化と連動して、族議員を媒介とした自民党と利益集団との結びつきが弱まることにより、政策決定過程における利益集団の役割が低下していると指摘されている。[4]また事前審査制は、自民党単独政権から自民党と公明党による連立政権が常態化するなかで、民主党政権期よりも円滑な与党間調整の仕組みとして評価され、現在もより精緻化して組み込まれている。[5]換言すれば、こうした戦後日本の政策過程の特徴はどのように変化したのか、あるいは変わらなかったのかが、現代日本の政策過程（より広くいえば政治過程）を理解するための有力なアプローチということになる。[6]

しかしながら、現代日本の政策過程の特徴を析出するうえで、戦後日本の政策過程を基準に把握するのであれば、戦後日本の大部分を占める自民党長期政権期の制度化された政策過程の典型がいかにして形成されていったのか、その原像の形成を辿ることも必要なのではないか。なぜなら、事前審査制の起点と定着の時期をとらえ直す近年の歴史研究が示すように、自民党長期政権下の政策過程の特徴をとらえる政治学の豊饒な理論的蓄積がありつつも、その特徴がどのようにして形成されたのかを実証的に検討する余地は依然として残されていると考えるからである。[7]

本書は、戦後直後から一九六〇年代前半までを対象としつつも、一九五〇年代を主たる時期として、海運政策のうち計画造船という必ずしも広く一般的に知られているとはいえない政策を扱い、その歴史分析を通して戦後日本の政策過程の原像の一つが形成されていく過程を示したい。とはいえ、具体的な歴史分析に立ち入る前に、なぜ一九五〇年代という時期に着目するのか、またなぜ海運政策のなかでも計画造船を扱うのかという二つの課題設定に対する本書の位置づけは、あらかじめ明らかにしておく必要があるだろう。

一九五〇年代を中心とする時期設定と計画造船の対象選択は、本書において相互に緊密な関係にある。したがって、まずはなぜ計画造船を扱うのかについて述べる。

海運政策は、運輸省（現在は国土交通省）が所管する海運業界を対象とした政策である。海運業は、船舶によって貨物や旅客を海上輸送するサービス業務を中核とし、運航領域に応じて国内向けの内航海運と国外向けの外航海運に分かれる。時代に応じて直面する課題は異なるものの、海運業の存立基盤は安定した輸送の確保と国際競争力の向上をいかにして実現するのかにあった。なぜなら戦後の日本が原材料を輸入し、加工した製品を輸出する貿易立国として存続するためには、海外との輸出入手段である海運業の復興および発展は不可欠だったからである。このためには輸送手段である船舶の整備に加えて、船舶建造費や船員費を抑えなければならず、外航海運では国際競争の観点から定期航路の確保も必要とした。船舶金融や運航費補助などの助成策は、海運業の成長を支える手段だったのである。それゆえ海運政策の基本的な目的は、海運業の自立的体制の確立と発展であり、そのための助成や規制を行うことであったといえる[8]。

以上のような海運政策の特徴は、政府の業界への政策的関与の強さとして指摘される[9]。海運業者による安定した輸送の確保は、交通インフラの維持も兼ねているため、行政による監督業務の要素が色濃く反映されるからである。例えば運輸省は、海運政策を含めた運輸行政全体の特徴について、次のように述べている。[10]

運輸行政は、一方で、運輸事業者を監督し、事業の開始、運賃の設定等に当たってそれが運輸事業の健全な発展を期するために適切なものであるか、また、利用者たる国民の利益に適合するものであるかを判断して免許あるいは許可等の処分を行う許認可行政としての性格を持つと同時に、他方、個々の事業者に委ねることのできない事項、例えば、陸海空それぞれの輸送機関の特性を考慮した最も効率的な交通体系の策定や長期的視点でとらえた運輸事業のあり方の方向付け等について企画し、これに基づき事業者を誘導していかねばならない使命を有している。

こうした「監督」と「誘導」を中核とする政府の関与の強さの背景には、海運の歴史的重要性がある。黒船の来航を契機に開国をした近代日本にとって、海は西洋文明が流入する入口であり、近代化を象徴する場であった。開国以来、外国貿易を外国海運業者と外国の汽船に依存していた明治政府は、国内産業育成と軍事上の観点から国内海運の近代化と育成を図ることになる。[11]大正期に入ると、第一次世界大戦に伴う物流の増加による船舶需要の逼迫が政策的課題となり、政府は日本興業銀行を通じて民間金融機関より緩和した融資条件で船舶金融を担わせた。[12]昭和期には、戦時体制に移行していくなかで軍事輸送上の目的から船舶の建造と性能の改善が課題となった。例えば、海運会社の過剰船舶を解撤し、その代わりに性能の高い優秀船を建造する目的として、補助政策である船舶改善助成施設が一九三二年に実施された[13]。これは、海運業の不況対策としてだけではなく、有事の際に優秀船を確保するという国防強化の目的を有していたのである。このように政府の海運業に対する政策的関与は、主に「監督」の性格を帯びながら、船舶建造の補助のみならず定期航路の補助など多様な助成手段で行われてきたのであった。

かくして戦後から高度経済成長期にかけて海運政策の支柱となったのが、本書が扱う計画造船である。計画造船とは、運輸省が船種や隻数等の建造計画を一年ごとに立て、海運・造船業者を募集し、融資対象を選定する助成政策である[14]。海運局および船舶局が担当し、一九八〇年代まで計画造船は「第〇次」として区別され継続した（一九八七年の第四三次計画造船をもって事実上終了）[15]。計画造船は、船舶建造を希望する海運業者を融資対象とするため海運政策ではあるものの、仕事量が不足する造船業への対策でもあったため、初期には造船政策としての性格も有していた[16]。造船業の場合、やがて建造量は一九五六年にイギリスを抜いて世界第一位となり、一九九〇年代までその座を占め続けていくことになる。

また海運業と造船業に対する育成や振興という観点から、計画造船は運輸省の産業政策として分類することも可能である。この政策的介入の根拠は、天然資源の乏しい島国という地政学的条件に基づく安全保障観や、造船業が有する海運業の投機的需要変動の大きさによる構造的な不安定さによるものとされる[17]。特に戦後直後に計画造船が必要とされた理由は、第二次世界大戦により多くの船舶を消失した海運業を再建するためであった。また占領終結後の日本が前述した貿易立国として再出発するにあたり、国内商船隊の整備が急務とされた。それゆえ海運業界に対する船舶の建造促進手段として、計画造船が実施されることになる。海運業は、石炭鉱業や鉄鋼業と同様に戦後復興の重点産業とされたのである。[18]換言すれば、一九五〇年代前後の海運（造船）政策のみならず広く産業政策を検討しようとする限り、計画造船の分析は避けて通れないといえよう。

しかしながら、運輸省の組織や政策に関する政治学・行政学の研究は豊かに蓄積されてきたにもかかわらず、[19]海運（造船）政策に対する研究は必ずしも多くはない。造船政策に関しては永森誠一や森田朗らによる先行研究が存在するものの、高度経済成長期を経て造船業が衰退産業としてとらえられた時期（主に一九七〇年代）を主な対象としている。[20]海事に関する行政領域では、むしろ港湾を対象とした行政研究のほうが進展しているとさえいえるのである。[21]

以上の状況を見渡すとき、本書が扱う時期の海運政策や計画造船に関する研究は、主として経済学や経営学で積み重ねられてきたことがわかる。[22]例えば、計画造船を含む海運業と造船業の包括的な通史研究として、海運研究者たちによる海運・造船関係者への膨大なヒアリング資料を駆使した『戦後日本海運造船経営史』の各巻がある。具体的には、三和良一は占領期の日本海運を叙述することで、企業の財務体質の不健全さ、国際競争力の弱さ、過当な競争体質を戦後海運の脆弱性として示した。[23]中山敬一郎は、一九五〇年代を海運業が経営的・政策的努力の開花した時期と位置づけ、その船舶輸出量が世界最大になる過程を整理した。[24]地田知平は、海運における高度成長期を産業の活力、外国貿易の発展、海運政策、海員組合の合理化の要因が組み合わさった「黄金の一〇年」と位置づけた[25]。また杉山和雄は金融機関による資金調達から、山下幸夫は海運・造船業における技術革新からそれぞれ通史的な整理をしている[26]。

何より計画造船に関しては、政策過程を意識しつつ、その実態を明らかにしようとする経済史研究が存在する。小湊浩二は、第五次計画造船と船舶輸出の開始をGHQの占領政策の転換における経済的「自立」の論理を示すものとし、アメリカからの援助の停止という納税者論理による視角から説明した[27]。橋本寿朗は、運輸省の産業政策の分析への試みから、第七次後期計画造船を主たる対象として取り上げている[28]。橋本は、第七次後期における造船業合理化審議会を中心としたアクター間の利害調整過程の分析を通じて、運輸省を戦略的な調整者として位置づけた[29]。運輸省が長期的な視野に基づく戦略の設定を可能とした理由に、戦前の海運・造船業の遺産を基礎としたため、戦前への水準の復帰という目標を容易に設定しやすかった点があるという[30]。石井晋は、第一〇次計画造船を事例に、造船疑獄後の金融機関のリスク回避行動が海運政策の「合理化」を促しただけではなく、必ずしも「合理化」とはいえない失業回避の志向が船舶輸出振興を促進させたとしつつ、長期的には経済成長のための「合理性」を有する政策であったとしている[31]。

だが橋本の研究は、第七次後期計画造船の政策過程を詳述しているものの、分析の焦点は審議会での調整に集中しており、前後の計画造船との連関や政治状況における位置づけは不十分なものとなっている。また小湊や石井の研究のような計画造船について個別の事例研究はあるものの、複数の計画造船の政策過程の連関性を包括的に検討したものは少なく、政策実施主体である運輸省の政策目標や同省における海運政策の位置づけ、政治状況との関係の考察については仔細な政治学・行政学的分析がなお残されているのである[32]。それゆえ本書は、戦後日本の計画造船の政策過程を扱うことで、政策史研究の観点から運輸省が担った海運政策の歴史的意義を明らかにしたい。

次に本書は、なぜ一九五〇年代を主たる時期として扱うのかである。第一の理由は、時期固有の特徴である。占領期の終わりとともに幕を開ける一九五〇年代は、高度経済成長の以前と以後を含んだ政治や経済、社会における激しい変動期であり、その後の日本の原点を形成した時期であった。経済史的には変動する時代に多くの関心がもたれてきたが[33]、その時期の政治史的意味は、例えば同時期の政官関係を対象とした先行研究の次の一文からも窺える[34]。

〔政治史的な重要性は〕一九五〇年代に形成された統治機構の運用ルールが現行ルールの起源となっていることである。戦後日本における政治と行政、立法府と行政府、政党と官僚制の関係は、占領終結後、吉田内閣総辞職と鳩山内閣成立という政権交替、自民党結党と左右社会党統一による「五五年体制」の成立、安保闘争による岸内閣総辞職と池田内閣による国民所得倍増計画の策定、という諸事件を通じて、いわゆる「五五年体制」下の日本国憲法の運用ルールへと結実した。この過程で、自民党は、占領終結以降、日本国憲法をもっとも自己に都合よく、一群の制度とそれに伴う政治ゲームのルールへと変容せしめた。従来のように、一九五〇年代を自民党の政権掌握という観点から捉えると、日本国憲法の想定する統治機構の運用可能性が自民党政権によって一つに収斂する時代となる。

まさに一九五〇年代の政策過程は、その後に続く各種の決定手続きや諸アクターの関係性が制度化していく過程であった[35]。それゆえ、自民党政治とほぼ同一視される戦後日本政治の形成と定着を理解するためには、前後の時期を射程に据えつつ、一九五〇年代における政策過程の構造的把握が求められるのである。

第二の理由は、一九五〇年代論とも言うべき一連の先行研究との接合である[36]。一九五〇年代論は、国際的には冷戦終結によるポスト冷戦社会の方向性が模索され、国内的には戦後五〇年を節目として日本の戦後を振り返るなかで発展した。加えて一九五〇年代前半の少数与党内閣の現出や政権交代、あるいは予算編成などをめぐる政党と官僚制の緊張関係といった政治状況は、自民党長期政権の崩壊によって変動する一九九〇年代以降の政治状況との既視感をもって語られた側面もある。こうした変動する時代に共鳴するように、一九九〇年代以降、政治のみならず経済や社会を含め、一九五〇年代に着目する研究が蓄積されていった[37]。

一九五〇年代論は、主に政治学・行政学研究に即して大別すれば、二つの課題関心に支えられていた。一つは、一九五〇年代前半を戦後改革の揺り戻しである「逆コース」ととらえる同時代的な議論に対する再検討である[38]。もう一つは、政治過程において最も影響力をもつのは政治家か官僚かという、政と官の権力関係の評価を規定した官僚優位論と政党優位論、これらの議論の素地である戦後改革の不徹底に基づいて官僚制の権力優位を基礎に置く戦前戦後連続論と戦後改革の成果を高く評価する戦前戦後断絶論という、いわば戦後と戦前との連続性の有無に対する二項的理解への再考である[39]。

例えば、中村隆英や宮崎正康らによる『過渡期としての一九五〇年代』は、一九五〇年代（特にその前半）を一九四〇年代と六〇年代の間の架け橋として位置づけ、政治や経済、社会の動態を分析した論文集である[40]。これは、先述した「逆コース」に対する再検討を念頭に置いていたといえる。同時に、戦前との連続性の有無という二元論から戦後を理解する立場もとっていない。加えて中村は、一九五〇年代の官僚制に関して次のように述べていた[41]。

敗戦と占領によって、制度的にも、人的構成の面でも、もっとも変化が少なかったのは、官僚機構だったといってよい。占領期には総司令部の干渉が大きく、行動に制約を受けることが多かったけれども、「独立」後は、誰に気がねすることもなく、水を得た魚のように、復興と発展のための政策的努力が開始された。経済政策の面でいえば、大蔵省の財政投融資政策の本格化、日本輸出入銀行と日本開発銀行の創立、税制を活用した資本蓄積促進政策、通産省の一連の産業政策、運輸省の計画造船政策などは、すべて五〇年代前半の産物であった。政界の嵐をよそに、官僚機構はその意図を強力に推進したのである。

ここでは、かつて戦後日本の政官関係における官僚優位論の一つの典型例とされた、通商産業省の産業政策に対して運輸省の計画造船が並列的に置かれていることが注目に値しよう。官僚優位論の枠内で通産省の産業政策を語る場合、政策アイディアや統制的手法など戦前や戦時体制との連続性が強調される[42]。この強調は一九四〇年代以前と六〇年代以降の政策過程像が接合されることを意味し、却って一九五〇年代の政治史的意味が等閑視されることになる。御厨貴が後年の通産省の産業政策の典型を、中堅の機械製造業者への設備投資資金を低利で融資することを目的とした一九五〇年代の機械工業振興臨時措置法に見いだし、その政治過程を分析したのは、まさに「中間点」である同時代特有の政治的状況を描くことでもあった[43]。とはいえ、一九五五年体制や与党の事前審査制、政官関係などの特定対象を除き[44]、占領期や高度経済成長期との連関を見据えつつ、一九五〇年代内の移行過程に着目した政治学・行政学研究は、今なお必ずしも多いわけではない[45]。

換言すれば、一九五〇年代の特徴に接近するためには、同時代に繰り返された特定政策の政策過程の変遷を辿ることで、その構造的な変容を導出することが重要であると考える[46]。むしろ先行研究が一九五〇年代を「過渡期」とするのであれば、政策過程の特徴がどのように「移行」していったのかが問われるべきである。本書が扱う戦後日本の計画造船は、通産省的な産業政策のイメージと一見重なりつつもその枠内にとどまらず、占領期から一九八〇年代まで役割を変えながらも継続した。特に占領期から一九六〇年代前半までが計画造船を産業政策として最も必要とした時代であった。加えて計画造船が内在的に抱える政治との緊張関係は、戦後史の著名な疑獄事件である造船疑獄を招くことにもなった。それゆえ計画造船は、政治と行政の論理がせめぎ合う政策であり、一九五〇年代における政策過程の「移行」を検討するうえで恰好の分析素材を提供してくれるのである。

本書の構成は、以下のとおりである。第1章は、産業政策論を検討したうえで分析視角の設定を行い、本書が「議員・政党の介入」と「非難回避」の視角を導入することにより、運輸省の「政策継続戦略」に着目することを示す。またこの章は、計画造船の基本的な見取り図や関係する諸アクターを簡潔に整理することで、第2章以降の歴史分析を読み進めるための補助線を引くことをしたい。

第2章は、占領期の計画造船の政策過程を対象としている。戦争によって船舶を焼失した海運業界に対して、運輸省は船舶拡充を目的とした計画造船を開始する。この計画造船の実施を繰り返していくなかで、海運業による「運動」の孕む非難の可能性を抱えつつ、運輸省が計画造船の継続を模索していった過程を叙述する。

第3章は、一九五〇年代を中心とした計画造船の政策過程を対象としている。海運造船議員連盟による「議員・政党の介入」の活発化は、当時の政党間対立の状況もあり、計画造船に対する利子補給制度を当初より強化するかたちで実現した。だが、造船疑獄が起こると、この助成制度の制定経緯が問題視され、運輸省は計画造船の継続が困難な状況に置かれる。最終的に運輸省は、利子補給制度の停止と引き換えに計画造船の建造量拡大を実現し、計画造船の制度的定着を迎えたことを示す。

第4章は、高度経済成長期前半を中心とした計画造船や海運集約の政策過程を対象としている。この時期になると計画造船の実施にあたり、企業の経営合理化の側面が強調されるようになる。利子補給制度の復活や強化も、「企業強化計画」や海運集約と一体となり、経営合理化を促進する文脈で実現する。こうした海運業の自助努力が要請されるなかで、自民党を中心とする「議員・政党の介入」もまた再活性化していったことを描写する。

これらの章を踏まえて終章は、本書が明らかにしたことやその意義を整理する。

第1章 計画造船にどうアプローチするか
——本書の課題認識と視角

本章は、次章以降の歴史分析のための視角を導出するにあたり、海運政策としての計画造船が産業政策の性格をもつことに鑑みて、産業政策論の分析視角の検討から出発する。なぜならば、政策過程を分析する際の諸アクター間の関係をとらえるうえで、産業政策論の課題認識や分析視角が有益なことによる。この検討を通じて産業政策論が抱える分析上の課題を抽出し、そこに修正を加えることで、次章以降の基本的な分析視角の設定を行うことが目的である。

またこの章は、計画造船を分析する際の諸アクターや時期区分などの基本情報を示すことで、歴史分析を読み進めるための補助線を引くことも目指す。このため特に第三節は、先に次章以降を読み進め、後から必要に応じて確認してもらっても何ら問題ない。

第一節　産業政策論の視角

(1)「政府主導」の視角

かつて行政学者の北山俊哉が「日本の産業政策論は出そろった観がある」と述べたように、産業政策論は日本政治研究において精力的に取り組まれたテーマであった。[1] この産業政策論の基本的な関心は、戦後日本の高度経済成長の原因を解明することにあった。したがって、バブル崩壊後の日本経済の低迷とともに、産業政策論の魅力が次第に弱まっていくことも自然の流れであるともいえた。[2]

他方、産業政策論の政治学・行政学への理論的貢献が政策過程におけるアクターの戦略や手段、あるいはアクター間の関係分析にあった以上、本書が一九五〇年代の政策過程を中心的に扱うという対象時期の点を除いたとしても、その議論は分析視角の検討の出発点として今なお有効であろう。

主に産業政策論の議論は、いかなるアクターの主導によって高度経済成長が実現したのかに着目することを通じて理論的な整理がなされている。[3] 具体的には、国家の主導的な役割と政策の影響を強調する「政府主導」の視角と、政策の影響を否定し企業体の活発な市場活動を強調する「企業体・市場主導」の視角、それぞれのアクター間の結びつきを重視する「ネットワーク」の視角に整理することができる。

まず本項は、「政府主導」の視角について検討する。この分析視角を代表する研究は、国家主導としての官僚制の役割を強調し、経済政策の効果を主張する、C・ジョンソンの「発展志向型国家」(Developmental State) 論である。[4] ジョンソンの「発展志向型国家」論は、官僚制の自律性の高さとその影響力の行使を支える構造的特徴を背景として、官僚制が有する政策手段により日本の高い経済成長が実現したとする。国家の経済への介入にあたり、行政指導を典型とする政策手段が市場適合的で有効であったとした。また官僚による民間企業への「天下り」は官民の協調関係を形成し、市場適合的な政策手段の実施を可能にする役割を果たした。何より産業育成においても成長産業の選択とその成長に適切な政策を通産省が実行したことにより、効果的な経済成長が可能であったとしている。[5] 総じてジョンソンの主張は、通産省と国家を同義に扱うことにより、経済成長に対する通産省（国家）の役割を高く評価するものとなっている。

　またJ・ザイスマンによる国家の経済への政策的介入に対する研究も、同様の見解に連なるものである。[6] ザイスマンは、国家の経済に対する政策的介入が有効と成りうるかどうかは、その国の金融市場の構造により決まるとする。国内の金融市場が未発達であり、企業の資金の経路が限定される間接金融を中心とするとき、金融機関の企業に対する影響力は強くなる。この金融機関自体の資金力が脆弱な場合には、資金提供者としての国家の影響力が強化されるとする。ザイスマンは、日本を国家の統制力が強い経済の代表例とした。換言すれば、日本の官僚制は、民間の経済活動の根幹となる資金を押さえることにより、民間アクターの指導・誘導を可能にしていたというのである。[7]

　確かに「政府主導」の視角は、官僚制（国家）の独自の役割を評価し、社会に対する優位を説く。

こうした見解は理論的に国家論（statism）に属するものであり、経済や社会の構造を分析するうえで、国家の影響力は無視できないとする。[8] これは従来の多元主義論が、国家の役割を軽視し、国家を各アクターの相互取引の場として扱いがちであったことへの批判を含んでいた。しかし、国家論は国家の役割を指摘するが、その評価は一義的ではない。例えば、日本とカナダの石油政策と国家の市場介入を扱った水戸孝道の分析によれば、政策分野や時期において国家の影響力や自律性は変化するとしている。[9] この点からすれば、ジョンソンの分析は国家の役割を過度に強調したものといえる。

さらに「政府主導」の視角が抱える限界点は、国家アクターを主に官僚制と想定しつつ、その官僚制を一枚岩的なものとして扱う傾向にあった。ジョンソンや水戸の議論も、経済政策を主導する官庁として通産省を扱うことにより、国家の産業政策の分析としている。しかし、個々の政策を紐解けば、官庁の管轄領域による政策目標の違いから省庁間の対立が生じることは推察できる。[10] それゆえ、「政府主導」の視角に連なる研究の強みは、むしろマクロな政治構造をとらえる点にあったといえよう。

とはいえ、ジョンソンのいう官民の協調関係の形成や水戸の国家の影響力や自律性の時期による違いといった指摘は、逆に企業体・市場の自律性や国家の限定的な影響力行使を支える要因への関心を誘う。次に扱う「企業体・市場主導」の視角は、こうした「政府主導」の視角を批判または修正するかたちで展開されたのである。

(2)「企業体・市場主導」の視角

本項で検討する「企業体・市場主導」の視角は、日本の高度経済成長の実現を説明するにあたり、民間企業における経済活動の活発さとそれを支える市場構造の特徴を背景にした、企業体の影響力の強さを主張する。この視角に基づく研究は、経済学を中心に蓄積されてきた。例えば、吉川洋による日本の高度経済成長の説明は、民間企業による旺盛な技術革新と設備投資によってもたらされたとする。技術革新が設備投資を促し、設備投資により製品の品質の向上とコストの低下が起き、それをもとに新しい技術の導入を進めるこの「投資が投資を呼ぶ」循環が、経済成長の鍵であるとした[11]。

したがって、民間企業主導による経済成長の説明では、産業政策の果たす役割は限定的に扱われる[12]。特に通産省による官民協調方式を進めようとした「特定産業振興臨時措置法」の挫折を例に引き、産業政策の成功は市場メカニズムの役割を間接的に援助する場合に限られていたとする[13]。また政府の産業育成に対する介入の強さも、高度経済成長からの後退が進むなかで、むしろ衰退産業に対する「後ろ向き」な介入が増えていったと指摘されたのである[14]。

他方で、市場構造の特徴を強調する代表的な研究は、K・E・カルダーの「戦略的資本主義」(strategic capitalism) 論である。カルダーは、戦後日本の成長部門への資金供給を支えてきたのは、政府系金融機関ではなく、民間金融機関を中心とした融資にあったとする。この融資を支えたものが、企業間および金融機関と企業の情報交換のネットワークであったとした[15]。まさにカルダーの分析は、経済成長に対する国家の役割を限定的にとらえようとする。

カルダーの議論と同様に、D・フリードマンの分析も、日本の市場構造の特殊性を強調する。フリードマンは、工作機械産業を事例対象として、戦後日本の経済成長の「奇跡」の要因を、国家による産業政策や活発な市場活動によるものではなく、市場の要求に適応する生産体制を創出した企業の創意工夫にあったとした。この生産体制とは多品種少量生産の「フレキシブル生産」であり、大量生産では対応できない市場のニッチなニーズに適応することが可能であったという。[16] フリードマンは、こうした生産体制の確立において国家の役割は小さく、中小企業を中心とした企業間・地域間の協調が柔軟な生産体制を可能にしたと主張する。[17]

以上のように、「企業体・市場主導」の視角は、経済成長に関する国家の役割を限定的にとらえ、企業体や市場の影響の強さを主張する。こうした視角は、「政府主導」の視角とは逆に多元主義との類似性を示すものといえる。日本政治を多元主義とみる分析では、自民党の族議員と関連省庁、関係利益集団との間で「下位政府」(subgovernment)が形成されているとし、特定政策領域における政党を介した企業体の影響力を指摘する。[18] 産業政策論においても、北山俊哉が「下位政府」の概念を用いて、繊維産業と鉄鋼業における産業政策の執行過程を分析し、自己利益の実現を目指す企業アクターの要求の重要性を主張した。[19] このように多元主義と「企業体・市場主導」の視角には、企業体の影響力を重視する点での類似性がみられるのである。

ただ、「企業体・市場主導」の視角は、企業体の役割を強調するがゆえに、国家が時に発揮する影響力の強さや自律性の高さ、あるいは国家独自の政策目標の存在に対する説明が不十分である課題を抱えている。[20] また、この視角が強調する市場構造の特徴についても、国家独自の政策により形成された面があることも見逃せない。樋渡展洋によれば、戦後日本が形成した「組織された市場」は、民間内部の調整活動のみならず、国家による民間アクターの誘導が重要であったという。[21] 樋渡の指摘は、国家の活動が企業体の市場活動を促す場合があることを意味する。[22] この意味で「政府主導」と「企業体・市場主導」の視角は、ともに国家と企業体・市場を二項対立の図式としてとらえがちである。それゆえ、対立の関係を乗り越える試みとして、国家と企業体・市場の関係を国家と企業体の相互作用である「ネットワーク」として扱おうとする主張が登場したのである。

(3) 「ネットワーク」の視角

国家（官僚制）と企業体の相互作用としての「ネットワーク」を重視する視角は、政策の形成・執行においてアクター間の制度化された関係の存在を指摘する。政策ネットワーク論の先駆的著作ともいうべきP・J・カッツェンスタインらの研究は、国家と社会アクターが相互作用する構造に着目し、先進国間を比較する。特にカッツェンスタインは、社会に対する介入の伝統の強弱、政策目標の違い、政策手段の強弱に着目し、アメリカの政策形成は社会主導であり、日本の政策形成は国家主導と位置づけている。[23]

また産業政策論の文脈から相互作用の内実を扱う研究では、R・サミュエルズの「相互了承の政治」（politics of reciprocal consent）論がある。サミュエルズによれば、日本では市場形態や国家介入のあり方をめぐって、官民間で紛争が続けられてきたとする。この紛争は、国家に広範な管轄を認める代わりに、実質的な政策の統制権を民間が確保することにより妥協が成立したとされる。サミュエルズはエネルギー産業を例にとり、国家が国営化による直接的な介入をすることなく、民間の活動を間接的に支援する関係を制度化することにより、市場に適合的な介入が可能であったとした[24]。

カッツェンスタインやサミュエルズがアクター間の相互作用に着目しているように、「ネットワーク」の視角は、アクター間の制度化された関係を「ネットワーク」として扱うことに特徴がある。例えば、D・オキモトの「ネットワーク国家」(network state) 論は、日本の産業政策における国家と企業体の相互作用の重要性を指摘したものである。オキモトによれば、日本の通産省を中心とする国家が有する政策資源の量は必ずしも多くはないとし、それゆえに国家は少ない政策資源を補うために民間アクターとの間に審議会や天下りを通じて公式・非公式の「ネットワーク」を形成しているとする[25]。オキモトは、この官民の相互作用が市場に関する適切な情報の入手を可能にし、産業のライフサイクルに沿った政策介入を可能にしたとするのである[26]。換言すれば、「ネットワーク」を媒介とした国家の民間からの情報収集は、自前の組織化を通じた情報収集コストを抑える役割を担っていたといえる。

こうした「ネットワーク」に着目した政治学・行政学の議論の発展は、政策ネットワーク論とも称され、産業政策論の文脈に限られるものではない[27]。第一に、ネットワーク自体の性質を扱う研究が進んだ。R・A・W・ローズとD・マーシュは、ネットワークの統合度や開閉度、構成するアクターの数と特色から政策ネットワークを大きく二つに類型化した。一つは「政策共同体」(policy community)であり、少数のアクターによって構成され、閉じられたネットワークである[28]。もう一つは「イシュー・ネットワーク」(issue network)であり、政策課題ごとに形成され、アクターの出入りが自由な緩やかなネットワークである[29]。ローズとマーシュの分析枠組みは、政策ネットリークの類型化により、政策分野ごとのアクター間の関係性の違いを明らかにすることにあった。

第二に、ネットワークの変化と政策変化の連関性を説明する分析が模索された。この理由は、アクターとネットワーク、政策過程の三者間の因果関係が明確ではないという、ローズらの分析枠組みに向けられた批判が背景にある[30]。前述したマーシュはM・スミスとともに、アクター、ネットワーク、環境の三者の相互関係に着目して、「弁証法的アプローチ」(dialectical approach)を提示した。彼らは、三者の関係をつなぐものとしてアクターの認識を据えている。環境の変化がアクターの認識に影響を与え、ネットワーク内のアクター間の関係に変化を促し、アクターの選好と利益が決定され、ネットワークや環境に影響を及ぼしていくとした[31]。B・キスビーも政策帰結におけるアクターに着目し、特にアクターの信念を要因として説明する。キスビーは、イギリスにおける市民権教育の導入過程を事例として、社会資本を増加させることにより社会の一体性を維持しようと考えるアクターの信念が教育政策のネットワーク内で共有されたことにより、政策が実現されたとした[32]。総じてネットワークの変化と政策変化を扱う分析は、主にアクターをその変化の要因として扱うことにより、政治過程に関する研究を進めてきたといえる。

第三に、政策ネットワーク論は、官民協調のガバナンスの一形態として、ガバナンス論とも接合した。この観点からはネットワーク自体の問題解決機能・能力に関心が向けられ、それをいかに管理するのかが統治構造上の関心対象となる[33]。ガバナンスとしてのネットワークにおいても、その中心的担い手をめぐり、「政府主導」対「企業体・市場主導」との類似の対立がみられるが、相互作用の存在を前提としたうえで議論がされている点で従来の対立的な視角とは異なっている[34]。

以上のように、「ネットワーク」に着目する先行研究は、ネットワークの構造の把握のみならず、ネットワークを形成するアクターの利益や認識といった政策過程でのミクロレベルに着目する研究と、ネットワークの能力やその管理を通しての統治構造の把握といったマクロレベルに着目する研究へと分析範囲の広がりがみられる。この二つのレベルへの分析範囲の広がりは、ネットワークを静態的にとらえるのではなく、動態的なものとしてとらえようとする試みであるといえる。元来、静態的な分析になりやすい政策ネットワーク論の強みは、国家間や政策領域ごとの政治構造に関する特徴を提示する比較性にあった。「ネットワーク」の役割に注目した産業政策論も、その一つの試みといえる。しかしながら、その後の政策ネットワーク論のようにアクターの行動や政策の変化をとらえようとするのであれば、前述のマクロレベルの分析範囲の議論を念頭に置きつつも、特定の政策領域に関する政策過程の緻密な分析が求められるであろう。

(4) 産業政策論の理論的課題

ここまで産業政策論の理論的特徴を三つの分析視角に沿って整理してきたが、それらの視角の背後には日本の高度経済成長の要因を説明するという課題認識があった。日本の経済成長を牽引したアクターは誰かという課題に対し、「政府主導」と「企業体・市場主導」から「ネットワーク」を経て、確かに産業政策論の議論はすでに出そろったといえる。しかしながら、政策の効果やアクターの関係性ではなく、アクターの選択の行方や政策決定の帰結といった、具体的な政策過程のダイナミズムを描こうとする場合、産業政策論の分析視角には理論的課題があると言わざるをえない。この課題とは、産業政策とその政策過程それ自体が抱える政治性を十分にとらえ切れていないという点である。本書は、産業政策の政治性をとらえるにあたり、「議員・政党の介入」の視角に着目することにしたい[35]。

「議員・政党の介入」の視角とは、産業政策の政策過程に対する議員・政党の介入行為を指す。これは政策過程における議員・政党の役割を考えれば、一見当然のようにみえる。では、なぜ「議員・政党の介入」の視角が産業政策論において重要となるのか。

まず「政府主導」の視角は、前述したように国家のアクターとして官僚制を想定する。この視角では、官僚制は「議員・政党の介入」から高度に自律した存在として扱われる。ジョンソンの説明は、日本の官僚を能力の面で政党政治家より優れているとみなし、政策は官僚により形成され、政治家はそれを承認するものとしてとらえている。政治家の役割は、官僚を社会諸勢力の圧力から隔離することにあるとされる[36]。それゆえ、官僚主導による経済成長を描くことにより、「議員・政党の介入」の視角は捨象されることになる。

次に「企業体・市場主導」の視角では、企業体の創意工夫や市場活動の万能さが強調されるため、「議員・政党の介入」の視角は不十分なものとなる。例えば、前述した吉川による「投資が投資を呼ぶ」循環による経済成長の説明は、企業体や市場構造のみで完結する説明であり、「議員・政党の介入」は明示的には見られない[37]。あるいは、カルダーのように民間金融機関の役割を評価し、政府系金融機関は適切な資源配分を歪めているに過ぎないと位置づけるとき、「議員・政党の介入」は企業体・市場主導による経済成長を妨げるものとして想定されている[38]。

さらに産業政策論の文脈で用いられる「ネットワーク」の視角でも、前述した二つの分析視角と同様に「議員・政党の介入」の要素はやはり不十分である[39]。オキモトの説明は、日本の経済成長の要因に公式・非公式のネットワークの存在を指摘するが、それは通産省と業界のネットワークであった[40]。また通産省の産業政策ネットワークと大蔵省の金融政策ネットワークの関係を分析した真渕勝も、金融政策決定における「自民党の不在」が、金融政策における成長志向政策を追求することを可能にしたとする。これも、「議員・政党の介入」の存在を捨象することで産業政策の効果を論じたものといえる[41]。

以上のように産業政策論の基本的な分析視角は、いずれも「議員・政党の介入」の存在を軽視してきたといっても過言ではない。なぜ産業政策論は、これまで「議員・政党の介入」の視角を十分に取り上げてこなかったのだろうか。この疑問は、日本の産業政策論の分析枠組みの前提に由来すると考えられる。前述したように産業政策論は、日本の経済成長を説明するものであるが、説明の中心対象にあるのは一九五〇年代後半から一九七〇年代前半にかけての高度経済成長の時代であった。換言すれば、産業政策論が分析の対象としているのは、一九五五年の自民党の結成による、一九五五年体制成立以降の自民党長期政権の時代であった。戦後日本の産業政策を分析するにあたり、自民党長期政権の存在は与件とされているのである。[42]

では、産業政策論において自民党長期政権が当然視されることは、何を意味しているのか。これは、序章でも言及したように政策決定過程の制度化を念頭に置く点にある。例えば、前述した政官業による「下位政府」は、政策決定過程における自民党政務調査会とりわけ各部会の影響力の高まりと、そこに所属する特定省庁ないし業界の利益を代表する族議員を通じて形成された。御厨貴は、一九五〇年代前半と一九六〇年代前半の水資源開発をめぐる政策過程の比較を通じて、後者において政策の総合調整の場として自民党政調会が機能し始め、それに伴う自民党政権による政策決定過程の制度化を指摘した。[43] 御厨によれば水資源開発は、戦後復興計画として河川開発を中心とする「国土総合開発」と水力発電を中心とする「電力事業再編成」の二つの構想が重なり合う政策として、一九五〇年代を通じて両構想を推進する主体が絡み合い政治的アリーナが急速に拡大していったとされる。この拡大は、とりわけ新憲法制定による国会の権限強化を通じて委員会審議が中心となることで、政策決定に関与する政治主体としての常任委員会が大きな影響力を及ぼすようになったという。[44] これは政党の政治的比重が高まったことも意味した。

また、牧原出も一九五〇年代の大蔵省大臣官房調査課を中心とする「調査の政治」の分析を通じて、一九六〇年後半の自民党政調会の影響力の増加と予算編成手続きの制度化を指摘している[45]。「調査の政治」の背景となった一九五〇年代は、国会・政党が積極財政を求めて大蔵省の予算編成作業に介入を試み、大蔵省が組織防衛に迫られた時期であった。この時期は、一九五五年体制の定着まで保守政党および革新政党が離合集散を繰り返していたため、政党の官僚制への介入は合従連衡次第であり予見不可能であったことから、政党の政策形成能力が高くなかったにもかかわらず、総体的に官僚制を政治のコントロール下に置くことを可能にした[46]。換言すれば、一九五〇年代と一九六〇年代の違いは、やはり政策決定過程の制度化の度合いということになる[47]。

他方、政策決定過程の制度化は、「議員・政党の介入」の制度化でもあった[48]。双方の制度化を前提とするからこそ、「議員・政党の介入」の視角を後景として扱い、従来の産業政策論が主張してきた「政府主導」ないし「企業体・市場主導」の経済成長を強調することが可能となる。それゆえ、「政府主導」の視角では、政党政治家が社会諸勢力の圧力から官僚を隔離する役割としてとらえられ、また「企業体・市場主導」の視角では、「議員・政党の介入」は企業体の経済成長を妨げるものとしてとらえられることにより、産業政策論のなかで「議員・政党の介入」は、分析の中心的視角から捨象されるのである[49]。

しかしながら、序章で述べたように一九五〇年代にかけて形成されていた一連の産業政策は、経済復興を目標とし、それに対する国民のコンセンサスが存在していたからこそ、政党にとって積極的な政治的介入を試みる対象に他ならなかった[50]。それゆえ、一九五〇年代の産業政策の政策過程を政治学・行政学的に分析するのであれば、「議員・政党の介入」の視角は、必要不可欠なものである。加えて、自民党の結党以前から自民党政権が長期政権としてまだ定着をしていなかった時期を対象として、産業政策の政策過程を改めて分析することは、従来の産業政策論が形成してきた自民党長期政権定着後の産業政策像とは異なる側面も浮き彫りにするものとなろう。

第二節　本書の視角の設定

(1)　政策の継続と「評判」の構築

前節は、産業政策論の視角を検討し、それを修正する視角として「議員・政党の介入」を提示した。しかしながら、産業政策論の基調が産業政策への議員・政党の政治的介入を忌避するものである以上、産業政策の効用を達成するために、いかにして議員・政党の政治的介入を抑制しようとしていたのかも検討されなければならない。この主体こそが官僚制であり、具体的には各省庁という行政組織である。本節は、「議員・政党の介入」を前にした行政組織の対応をとらえるための分析視角の導出を試みたい。この出発点として、まずは行政組織における政策と「評判」の関係を考察する。

そもそも産業政策を担う行政組織にとって「議員・政党の介入」は、可能な限り避けることが望ましい。なぜなら、政策の経済的合理性や目的達成に向けた戦略性に影響を及ぼし、さらにひとたび失敗が露見すれば、政策は終了のリスクに直面するからである。換言すれば、政策の継続が不安定化するということである。この不安定化は、行政組織の正当性や地位を侵食し、その最大の行動原理である組織の存続と組織的自律性を損ねる可能性を高めるのである[51]。

他方で政策の継続は、その支持を調達しなければならない。政治的介入を避けたい行政組織にとっても、自らの統制の範囲にとどまり、政策を終了させない一定程度の政治的な支持は必要なのである。政策の終了要因を検討してきた政策終了論の多くが逆に政策の継続要因を明らかにしてきたように、政策は継続するものと考えられがちである。例えば、政策の継続要因として、政策形成者や受益者による抵抗、政策自体の安定性や終了に関わるコストの高さが挙げられている[52]。だが、これらの要因の基礎となりうるのは、行政組織が受益者も含めた人々の政策に対する「評判」(reputation)を獲得できているかどうかであろう。

D・カーペンターによれば、「評判」とは、「能力、目的、歴史および使命といった組織についての象徴的信念であり、それぞれのイメージが様々なオーディエンスのネットワークに埋め込まれた」ものと定義される[53]。この「評判」の獲得は、行政組織にとっての支持調達であり、それは権限の付与や裁量の拡大などを通して組織を存続させることや組織的自律性を高めることにつながるのである。こうした組織の行動やオーディエンスの反応に影響を与える「評判」は、四つの側面がある[54]。政策との関係に留意しつつ整理すれば、第一には「業績に関する評判」(performative reputation)であり、政策の遂行における実績や応答性に対する評価が関係している。第二は、政策対応における組織内外の関係者への思いやりや正直さといった「モラルに関する評判」(moral reputation)である。第三は、政策の遂行において規則や規範が遵守されているかどうかという「手続きに関する評判」(procedural reputation)である。第四は、組織が政策を遂行するための能力や技能を保有しているかどうかという「技術に関する評判」(technical reputation)である。これらの「評判」の側面は、行政組織の存続のみならず、政策の継続要因にも直結するものである。換言すれば、行政組織にとって政策は「評判」を左右する源泉である。

以上をもとに本書は、行政組織が政治や社会に対して「評判」の最大化を目指すことを念頭に置く。確かに権限の拡大や予算の増大は、組織存続と組織的自律性の確保を可能とするものではある。だが、「評判」を構築することは、組織の地位向上を通じ、結果として権限の拡大や予算の増大を容易にする。それゆえ、行政組織の最大の行動原理は「評判」の構築にあると想定しても過言ではないだろう[55]。

次いで、「評判」を構築するうえで、政策の継続をいかに確保するのかという点を重視する。これも前述の政策終了論が指摘してきたように、政策はひとたび作られれば容易に廃止しにくいという側面もある。しかしながら、産業政策のような経済成長という目的と結びついた合理性と戦略性を要請される政策の場合、単に継続するのではなく、どのように継続するのかが重要となる。とりわけ「議員・政党の介入」は、実現困難な制度の新設や政策手段の導入などの政治的推進力となる反面、前述したようなリスクも抱える。ここに政策の継続をめぐって「議員・政党の介入」とどのように向き合うのかという、行政組織による「評判」構築のための戦略的な対応が求められるのである。

(2)「非難回避」の視角

「議員・政党の介入」とその可能性を前にして行政組織は、いかなる戦略的な対応を行うのか。本書は、行政組織における「非難回避」(blame avoidance)の視角に着目する。「非難回避」とは、批判の可能性がある行為や望ましくないことを避けることである。行政組織にとって「評判」を獲得するためには、「非難回避」をすることは望ましいようにみえる。だが、「非難回避」の実態が露見したり、あるいは「非難回避」に失敗した場合、そうした対応は却って「評判」の低下を招く。それゆえ「評判」を構築するにあたり、「非難回避」を戦略的にどのように行うのかは重要な要素となる[56]。本項は、「非難回避」に関する研究を整理しつつ、本書のもう一つの分析視角を抽出したい。

「非難回避」の研究は、社会学者U・ベックのリスク社会論が提起した、科学技術の発達に伴う事故や副作用といったリスクの増大が背景にある[57]。リスクの増大とその認識は、事故や副作用が生じた場合に誰が非難の対象となり、誰が責任を負うのかというメカニズムを生成する。それゆえ、リスクの高まりは、非難される主体にその回避行動を促すことになる。

他方で政治学の場合では、非難される主体として政治家を対象とし、一九八〇年代以降の福祉の削減や増税といった人々に不人気な政策の選択を前にして、政治家の政治的リスクと非難の関係をとらえる研究が登場する。先駆的な「非難回避」研究で知られるK・ウィーバーは、政治家の選好と行動様式をとらえるうえで、人々の判断は肯定的な情報より否定的な情報に影響を受けやすいという、ネガティビティ・バイアスの傾向にあることに着目する。そのうえで、ウィーバーは、有権者に対する政治家の選挙の当選戦略として「功績顕示」（credit claiming）より、落選という政治的リスクを避ける「非難回避」の行動選択を優先するとした(58)。

また福祉国家研究の文脈では、一九八〇年代以降の福祉国家の縮減期における福祉政策への政治家の姿勢を説明する枠組みとして「非難回避」が用いられている(59)。例えば、福祉国家の発展期において福祉政策は、有権者の支持を得やすいために「功績顕示」の政治の様相を帯びるのに対し、縮減期においては、福祉の削減は有権者からの批判が予想されるために「非難回避」の政治になりやすいとされる(60)。

以上のような政治家の行動や政治過程の特徴を析出する先行研究に加えて、行政学における「非難回避」の研究は、行政組織が担うリスク管理と非難との関係を主な対象とする(61)。個人や組織によるリスク管理の重要性の高まりは、何かしらの不都合な事態が発生した際に彼らが引き受ける責任機会も増加していることを意味する(62)。それゆえ、政府が実施する政策や問題への対処が失敗した場合、官僚や行政組織は批判にさらされ、責任と非難の追及対象となる。

C・フッドとM・ロッジは、政官関係の分析モデルとして「政官交渉」（Public Service Bargains: PSB）の概念を類型論的に示したうえで、政治家から受託される官僚の自律性の範囲が大きい「信託型」（Trustee-type）の存続理由として、「非難回避」の存在を挙げる。彼らによれば、政治家は行政府の仕事が有権者に不人気であると信じ、そのリスク選好において手柄争いの利益より非難回避の利益が上回る場合、コントロールを切り離し、行政組織に自律性を与えるとしている[63]。したがって、行政組織は組織的自律性を保つためにも、自身の「非難回避」を模索しなければならない。

では、行政組織はいかにして戦略的に「非難回避」を行うのか。「非難回避」の戦略を体系的に整理し、行政学的に位置づけたのは前述したフッドである。フッドは、アクターの選択する「非難回避」の戦略を三つに整理し、各々の戦略ごとに四つの下位戦略を提示した。まずは、プレゼンテーション戦略（presentational strategies）である[64]。この戦略は、議論の誘導や争点の隠蔽などにレトリックを用いることで非難自体を否定、あるいは非難対象をそらすことによって、非難を回避しようと試みる。具体的な下位戦略として、非難自体や非難対象を否定し論争の優位を導く「論破」（win the argument）、非難が生じている間は目立たないようにする「低姿勢」（keep a low profile）、非難の対象に対して別の論点の提示や他の争点を顕在化させることにより話題をそらす「話題転換」（change the subject）、先に謝罪することにより非難の収束を図る「線引」（draw a line）の四つが挙げられている。

二つ目の戦略は、組織の「非難回避」を扱うエージェンシー戦略（agency strategies）である[65]。この戦略は、非難の回避や転嫁を行ううえで組織の編成や権限に焦点をあてる。具体的な下位戦略は、権限の委譲を通して非難の回避ないし共有をする「権限移譲」（delegation）、組織間の提携を通して非難の共有をする「協働」（partnership）、組織の再編成や職員のローテーションを繰り返すことで防衛的対処を通じて非難対象を困難にする「防衛的再編成」(defensive reorganization)、非難の可能性のある業務や政策を政府が実施するのではなく市場に委ねる「市場管理」(government by the market) の四つである。

最後は、政策・業務戦略 (policy or operational strategies) である。[66] この戦略は、非難への対応に対し、組織による政策・業務レベルの行為に焦点をあてる。具体的な下位戦略は、規則や業務の手続きをマニュアル化することにより、裁量による非難を回避する「儀礼化」(protocolization)、業務や手続きを集団ですることにより特定の組織や個人への非難を回避する「群衆行動」(herding)、逆に特定の組織や個人に対して非難を被せる「個別化」(individualization)、最後に政策や業務を中止する「抑制」(abstinence) の四つである。

以上の戦略は、一つだけ選択されるとは限らず、戦略間と戦略内の下位戦略の組み合わせにより「非難回避」は試みられる。だが、こうした戦略の選択とその組み合わせの有効性は、時間の要素に左右される。例えば、「非難回避」の選択を行う際、最初から問題と責任を認めるのではなく、問題を否定することから始まり、問題を承認するが責任を否定するという段階を経たうえで、問題と責任の両方を最終的に認めるという段階的な対応が想定されるからである。[67] 各段階において現実に選択可能な戦略は限定され、また有効な戦略も異なるのである。さらに「非難回避」の結果の成否にかかわらず、今後の「非難回避」への布石を打つことも考えられる。エージェンシー戦略や政策・業務戦略の選択は、直面する非難への回避のみならず、非難の潜在性を折り込みつつ、事前に防衛的な戦略を施す側面も有している。このように「非難回避」の視角をもとに政策過程を分析するのであれば、組織の採用する戦略とともに、これらの各段階での現実的な対応にも着目しなければならないのである。

以上のように「非難回避」の視角は、行政組織が政策を継続するうえでの戦略的対応の重要性を明らかにする。「非難回避」に失敗すれば、政策の継続は危うくなるからである。本書が扱う計画造船は、序章でも述べたように造船疑獄という「議員・政党の介入」による汚職事件を引き起こし、まさに非難が現出した（「評判」を低下させた）政策手段となった。はたして運輸省は、いかに非難の潜在性を認識し、政策の継続のためにいかなる戦略的対応を取ったのだろうか。この政策を存続させる運輸省の戦略的対応について、本書は「政策継続戦略」と称することにする。[68] こうした戦略の行方は政党と官僚制、業界の対立と協調の関係に緊密な影響を与える。それゆえに本書は、運輸省の「政策継続戦略」を基底とした政策過程の歴史分析を行うにあたり、「議員・政党の介入」と「非難回避」の二つの視角を導入するのである。

第三節　対象の性格と主要アクターの特徴

(1) 計画造船の見取り図

本節は、具体的な歴史分析に入る前に、計画造船の実施の流れや時期区分、関わるアクターの行動様式などの基本情報を示すことにしたい。換言すれば、次章以降の歴史分析の補助線を引くことにより、アクターの追求する利益やアクター間の関係をあらかじめ把握しやすくすることが目的である。

まずは、計画造船の基本的な見取り図を提示する。前述したように本書が扱う計画造船とは、運輸省が船種や隻数等の建造計画を一年ごとに立て、海運・造船業者を募集し、融資対象を選定する助成政策である。計画造船の策定は、海運局（外航課、監督課）と船舶局（造船課、監理課）の共管事務であり、申請の受け付けは監督課が担当した。[69] 建造計画を策定するにあたり、どのような船舶をどれだけ建造するのかといった方針が重要である。だが実際には、どの程度建造可能かどうかは船主（海運会社）の資金調達能力と建造意欲に左右された。特に計画造船の建造量を確定させるうえで資金調達の重要性は大きく、実際に計画造船の実施が修正を余儀なくされることも多発した。加えて政府側の財政資金の事情は、計画造船の実施を時に前期と後期に分けたり、追加分として行う事態も発生させることになった。

こうした計画造船の方式は、本書の対象時期である一九五〇年代前後において、資金調達先の違いを中心に大きく三つに整理されている。[70] 第一の方式は、第一次から第四次計画造船（一九四七年から一九四八年）までの復金方式である。この時期の計画造船は、復興金融金庫からの融資が船舶公団に貸し付けられ、公団と海運業者が共同出資で建造し、船舶の所有も共有する共有方式がとられた。第二の方式は、第五次から第八次計画造船（一九四九年から一九五二年）までの見返資金方式である。見返資金の運用計画によって配分される建造資金をもとに建造計画が策定され、海運業者は民間融資か

表 1-1　各方式の計画造船の手続き

	復金方式	見返資金方式	開銀方式
時期	1947－1948年	1949－1952年	1953年以降
資金調達 （自己調達を除く）	復興金融金庫	見返資金 民間金融機関	日本開発銀行 民間金融機関
計画・公募	運輸省による計画策定 ↓ 運輸省による公募 ↓	運輸省による計画策定 ↓ 閣議による見返資金枠の決定 ↓ 運輸省による計画の修正・公募 ↓	運輸省による計画策定 ↓ 大蔵省による開銀の財政資金の決定 ↓ 運輸省による計画の修正・公募 ↓
応募	船舶公団と海運業者・造船業者 ↓	海運業者・造船業者 ↓	海運業者・造船業者 ↓
選考・決定	入札制 ↓ 運輸省の決定 ↓ GHQの許可	（1951年第7次前期まで） 審査会・聴聞会の審査 （1951年第7次後期以降） 審議会の答申 ↓ 運輸省の審査・決定 ↓ 大蔵省への申請 ↓ GHQの許可	審議会の答申 ↓ 運輸省の審査 ↓ 開銀の審査 ↓ 運輸省と開銀の審査の調整 ↓ 運輸省の決定

出典）筆者作成。
註）開銀方式の基本的な流れは、第13次計画造船までを念頭に置いている。

ら融資確約を得て応募する。この時期は、概ね占領期後半に該当する。第三の方式は、第九次計画造船（一九五三年）以降の開銀方式である。日本開発銀行の財政資金と民間金融機関側の協調融資からの資金調達による建造計画を立て、海運業者が応募する方式である。各方式の手続きを局面ごとに整理すると、表１－１になる。各方式の具体的な流れは、この表をもとに概観する。

　最初は、復金方式である。復金方式は、以後の方式と異なり、占領期前半の二年間に集中して実施した。この方式の主な資金調達は、船舶公団に貸し付けされた復金融資であった。復金自体の資金調達は、政府出資（一般会計）

によるものとされていたが、政府予算が赤字の関係から政府払込が少額にとどまったため、復金債発行が主要な調達手段であった[71]。この資金調達をもとに、復金は重点産業と各公団に融資した。特に船舶公団への融資は、公団全体の融資のうち一九四八年度に四四・八％、一九四九年度は六一・四％を占めるほど比重が大きく、これらは計画造船に伴うものであった[72]。公団融資により船価の七割までを公団が負担をし、残り三割を海運業者が民間金融機関側から自己調達により賄うとされた。この方式の建造船舶は公団と海運業者の共同所有とされ、将来的に海運業者に売却されることになっていた。建造計画に対する応募は、公団と海運業者による共同発注である。造船所の選定は、応募するまでに海運会社が決定した。この選定方法は、公団と海運業者の協議のうえで決定する方式と、運輸省が選定した造船所から海運業者が決定する方式のいずれかがとられた。選考については入札制度がとられており、当初の公団と海運業者の合計金額から海運業者の自己調達額による入札へと変更された。入札の結果をもとに運輸省が適格船主を決定し、ＧＨＱ側に建造を申請した。これが許可されることにより、建造は実施されたのである。

次は、見返資金方式である。この方式の主な資金調達は、アメリカからの復興援助である見返資金であった。見返資金を活用するためには、運用計画を策定してＧＨＱに援助資金の解除申請をしなければならなかった。運用計画は、各省庁の援助資金需要見積を受けて経済安定本部が作成した。運用計画が閣議決定を受けた後、この計画をもとに大蔵省が、個別に見返資金の解除申請をＧＨＱの経済科学局に申請することになっていた[73]。このため運輸省は建造計画を策定するにあたり、運用計画に援助資金を要望したのである。運用計画の閣議決定を経て、計画造船の見返資金枠は決定した。これをもとに運輸省は建造量や見返資金の融資比率といった具体的な建造計画を策定したのであった。

見返資金の融資比率は、第八次の四割を除けば、主に五割であった。それゆえ残りの建造資金は、民間から調達しなければならなかった。民間金融機関側は負担増加に難色を示したため、協調融資の取付けは難航することになる。この民間金融機関側から協調融資を取り付けた後、運輸省は公募に入った。海運業者は民間金融機関側の融資確約を取り付け、造船所を決定したうえで応募した。選考については、官民の委員から成る新造船船舶建造審査会による審査、運輸省の担当部局以外の委員から成る聴聞会による審査、一九五一年からは新設された造船業合理化審議会による答申に基づく運輸省の審査により、適格船主を決定した。適格船主の決定後、見返資金の申請のため大蔵省に適格船主を連絡し、GHQから解除されることにより計画造船は実施された。

最後は、開銀方式である。この方式の主な資金調達は、開銀からの財政資金であった。開銀自体の資金調達は復金のような債券発行が禁止され、運用資金は政府出資金および政府借入金が主たる調達先であり、これらは予算編成と合わせて大蔵省が策定する毎年度の運用計画（財政投融資計画）に基づいていた[74]。このため、運輸省は建造計画から見込まれる所要財政資金を大蔵省に要求し、開銀も運輸省の所要財政資金をもとに大蔵省に要求を行いつつ、計画策定に関与した。大蔵省との予算折衝を終えた後に予算は閣議決定され、開銀の貸付計画による財政資金が確定した。

財政資金の融資比率は、計画造船ごとに変動した。こうした変動は、財政資金枠が毎年変動したことに加えて、民間金融機関側の協調融資の取り付けの影響を受けたことによる。財政資金の融資比率は、民間側がどの程度融資に応じられるかによって修正を必要とした。このため運輸省は、財政資金の要求と並行して民間金融機関側に協調融資が可能かどうかを確認する必要があった。かくして財政資金の確定と協調融資の取り付けを得て、この結果をもとに運輸省は建造計画を修正し、計画造船の概要が決定することになる。

本書の分析上、開銀方式において重要なのは、第3章で言及するように第九次から第一二次にかけて利子補給制度が適用されたことである（その制度復活が第4章の主要な争点の一つとなる）。利子補給制度は、日本船舶を所有することができる者（海運業者）に対して適用され、その者と金融機関との間で利子補給金の支給を受ける契約を結び、民間金融機関の貸付利率と年五分との差額分に補給され、開銀の貸付利率と年三分五厘との差額分にも補給された（開銀については第一〇次以降停止）。これにより金融機関の船舶金融に対する貸し付けのリスクが緩和されるとともに、海運業者も船舶建造の負担費用が減少し、その建造を促進しやすくなることが期待された。また、第九次後期からは損失補償制度が適用され、民間金融機関の融資総額の三割までを政府が補償するとした。これらの補助を踏まえて、公募要領は公表された。

公募要領が公表されることにより、海運業者は、見返資金方式と同様に造船所を決定したうえで応募した。公募終了後の審査は、一九五二年に造船業合理化審議会を改組した海運造船合理化審議会による選考基準に基づき、運輸省が海運政策の見地から、開銀が資産信用力の見地からそれぞれ審査した。審査の終了後、運輸省案と開銀案の調整が図られ、最終的な適格船主が運輸省によって決定された。

加えて、計画造船の政策過程の流れが徐々に安定化していく一九五〇年代の開銀方式に即して、その政策過程に関する時間軸上の基本的な流れも確認しておこう。もっとも政策環境に応じて各局面の決定時期の変動がかなり大きいため、以下で示すのは一連の流れを把握しやすくした理念型である。まずある年度の計画造船に関する運輸省の方針の策定は、概ね前年の夏から秋の間に行われる。建造量の目標や必要な財政資金などの方針が決められていくが、その段階では前年度の計画造船における適格船主の選考過程を見据えつつ、方針の策定作業が並行的に行われるということである。次にポイントになるのは、大蔵省との予算折衝を経た政府の予算・財政資金の原案決定である。これが概ね年明けの一月から二月頃である。より仔細に言えば国会における政府の予算・財政資金の成立(三月頃)を待つことになるが、財政資金額が決定されることにより、運輸省において計画造船の建造総量が確定する。[75] 次いで建造総量が確定すると、七月、八月頃に適格船主選考の基準が海運造船合理化審議会に諮られる。この基準に関する答申が出た後に、建造要領が公表される(答申と建造要領の流れは前後する場合もある)。要領が公表されると、八月、九月頃に海運業者に対して公募が開始される。公募の締め切り後に運輸省と開銀が審査を行い、九月、一〇月頃に適格船が決定されるのである。

ここまでの時間軸上の流れの特徴は、ある年度の計画造船の始期と前年度の計画造船の終期が一定程度重複していること、また政府の予算・財政資金の決定する時期に大きく依存することである。そこから、民間金融機関や政党との対応に応じて選考基準や公募開始の決定時期がさらに前後していくことになるのである。それゆえ、開銀方式のみならず各方式内での計画造船の政策過程は実際には多様な展開をみせるが、その足跡を摑むためには、前述してきたような各局面や時間軸上の流れで基本的には進行していることを念頭に置く必要があるだろう。

以上の三つの方式による計画造船の各局面を踏まえると、計画造船の政策過程に関係する主要なアクターは、建造計画を策定する運輸省の他に、船舶の建造を応募する海運業者と造船業者、融資を担う金融機関（復金や開銀の政府系金融機関と民間金融機関）、見返資金や財政資金の運用を担う大蔵省となる。これらのアクターは、計画造船に関与する「ネットワーク」の基本的な構成者として位置づけることができる。加えて、同時期に「ネットワーク」に強い影響力をもちえた日本銀行も考慮すべきアクターである。何より、この時期の政党の政策的関与の特徴は、把握しておかなければならない。ここまでの主要アクターの特徴は、次項以降であらかじめ整理しておくことにしたい[76]。

最後に表1－1の計画造船の流れにおいて、局面ごとに議員・政党が介入する可能性がある箇所を加えたのが、表1－2である。議員・政党が、海運業界の利益を表出させるうえで主として二つの介入局面が考えられる[77]。一つは、船舶の建造数や資金量、金利を最終的に確定するまでの局面である。この段階は、計画造船の全体像を規定するのみならず、海運業者の割当量に直結するため、議員・政党の関心が高くなる。もう一つは、海運業者の具体的な審査に至る局面である。復金方式では入札制

表 1-2　計画造船の手続きと議員・政党の介入の局面

	復金方式	見返資金方式	開銀方式
時期	1947－1948年	1949－1952年	1953年以降
資金調達 （自己調達を除く）	復興金融金庫	見返資金 民間金融機関	日本開発銀行 民間金融機関
計画・公募	運輸省による計画策定 ↓ **議員・政党の介入** ↓ 運輸省による公募 ↓	運輸省による計画策定 ↓ 閣議による見返資金枠の決定 ↓ **議員・政党の介入** ↓ 運輸省による計画の修正・公募 ↓	運輸省による計画策定 ↓ 大蔵省による開銀の財政資金の決定 ↓ **議員・政党の介入** ↓ 運輸省による計画の修正・公募 ↓
応募	船舶公団と海運業者・造船業者 ↓	海運業者・造船業者 ↓	海運業者・造船業者 ↓
選考・決定	入札制 ↓ **議員・政党の介入** ↓ 運輸省の決定 ↓ GHQの許可	（1951年第７次前期まで） 審査会・聴聞会の審査 （1951年第７次後期以降） 審議会の答申 ↓ **議員・政党の介入** ↓ 運輸省の審査・決定 ↓ 大蔵省への申請 ↓ GHQの許可	審議会の答申 ↓ **議員・政党の介入** ↓ 運輸省の審査 ↓ 開銀の審査 ↓ 運輸省と開銀の審査の調整 ↓ 運輸省の決定

出典）筆者作成。
註）開銀方式は、表1-1と同様に第13次計画造船までを念頭に置いている。

のため、その結果に対する不満表明にならざるをえないが、見返資金方式や開銀方式では個別に適格船主の審査をするため、審査の便宜を図るべく議員・政党の「運動」の余地が大きくなる。それゆえに後者の局面は個別の海運業者との癒着につながりやすく、非難の可能性が高くなるといえる。

　ここまで計画造船の流れを概観するなかで、この政策過程に関与する主要アクターが抽出された。次項以下は、主要アクターの特徴について整理していくこととしたい。

(2) 運輸省

計画造船の中心的なアクターは、運輸省である。一九四五年の発足当初から運輸省は、旧鉄道省の陸系統と旧逓信省の海系統を抱え込む組織構造となっていた。この組織構造について、運輸官僚の高林康一は「従来の海陸別々の意識が残存」しており、「陸は陸、海は海とそれぞれの枠の中にこもり、一つの省という意識は必ずしも充分ではなかった」と指摘する[78]。この別々の意識というのは、二つの旧組織から交互にポストに就けていく、たすきがけ人事として反映されていたという[79]。たすきがけ人事が海と陸の間で続けられてきたことは、海運行政の重要性を示すものといえる。

では、省内の海系統の組織同士はどのような関係にあったのか。一九四九年の運輸省設置法により総局制が廃止され、海運総局内に置かれた海運局、船舶局、船員局はそれぞれ局として独立して置かれた。しかし、運輸省設置法第二三条における海運局の所掌事務によれば、第一項第一号において「海運局、船舶局、船員局及び港湾局の所掌に属する事務の総合調整及び実施計画の策定に関すること」とされ、海運局内に置かれた海運調整部がこの事務を掌るとされた。換言すれば、海運局は、海事四局（運輸省設置法では、海運局、船舶局、船員局、港湾局が所掌する事務を海事と総称している）の中心に位置づけられ、海運調整部長は海運局長の補佐的な役割とされた[80]。

さらに海運局と他の局との関係について、船舶局長を務めた甘利昂一は次のように指摘している[81]。

同じ省内に海運、造船、船員と関係部門が纏ってることは、海運の振興という大命題なり、政策の下に、受注者である造船屋さんと、船主と雇用関係にある乗組員が一つの行政組織の下にあることは、（中略）三局対等の立場で、夫々の業界の立場を、国家的見地より認識して、監督、育成をうけるべきだが、苦しくなってくると、海運局は他の二局に対し船主の様な立場になり、交渉上優越した態度に出勝ちなのですね。

この指摘は、海運局が他の海事関係局より優越的な地位にあったことを示すものといえる。海運局が主導する海運政策は、海運事業者に対する規制および補助が中心となる。しかし、これらを行うためには海運業者が船舶を所有していることが大前提である。一九五〇年代は海運業者にとって船舶所有が未だ不足していた時期であり、運輸省の政策目標は、海運復興のための船舶拡充と商船隊の整備にあった。総じて本書の対象時期の保有船腹量の目標は主に四〇〇万総トンのラインであり、運輸省にとって計画造船はそれを実現するための政策手段であった[82]。

では、運輸省はどのような船舶建造を志向したのか。計画造船において外航船舶の建造が可能となって以降、船種に関しては定期船建造を主としていた。不定期船や油槽船は、海運市況によって配船が変動するため、市況の動向に左右されやすい。このため不定期船や油槽船に比べ市況の影響が少ない定期船は、他の船種より優先されている。また割り当てを行う船主は、オペレーター（運航会社）を主としていた。このように運輸省が定期船とオペレーターを主たる割当対象にすると考えるならば、両方を備えるのは日本郵船、大阪商船、三井船舶といった大手海運業者が中心であり、この意味で計画造船は大手企業への産業政策の側面を有していた。特に建造隻数が少ないときに、この傾向は顕著になると考えられる。

また運輸省は、適格船主を選ぶ基準を示すために審議会を設置した。審議会が設置されるまで基準の決定方法は変遷したが、第七次後期以降は運輸省が選考基準を審議会に諮問する方式で定着した。[83] 基準を諮問した造船業合理化審議会（一九五二年より海運造船合理化審議会）では、委員に計画造船関係の各アクターが参加した。審議会では、適格船主の基準だけでなく、船価や船舶建造の融資比率といった計画造船の実施そのものまで検討した。この場では今後の計画造船の見通しや民間金融機関の協調融資の動向も話し合われ、合意形成の場となっていた。それゆえ審議会の答申は、運輸省の方針を正当化するものとして活用されたといえる。

(3) 海運業と造船業

計画造船において船舶建造を申請するアクターは海運業であり、実際に建造するのは造船業である。前述したように海運業は、戦前から国際市場で競争に晒されている産業であった。戦前の日本は、一九三五年における船腹量においてイギリス、アメリカに次ぐ第三位の海運国の地位にあった。[84] 海運業界は、戦前において日本郵船、大阪商船の二社が所有隻数、企業規模ともに大きな比重を占めていた。日本郵船の保有船腹量は一九三〇年で一〇二隻、一九三五年で八五隻、一九四〇年で一一八隻であった。[85] 大阪商船は一九三三年で一二八隻、一九四〇年で一〇八隻であった。[86] 九四二年に三井物産船舶部から独立した三井船舶の当初の所有船腹量が三〇隻、[87]川崎汽船が一九三五年で二九隻、一九四〇年で三四隻であったことからも、[88]日本郵船と大阪商船が業界のリーディングカンパニーであったことが窺えよう。

戦後も日本郵船と大阪商船がリーディングカンパニーであることは変わらなかった。戦争によって各海運会社の船舶の多くは消失し、戦時補償の打ち切りにより船舶を多く提供した大手の海運会社ほど損失を被った。しかし終戦時の残存船舶保有量は、日本郵船三七隻、[89]大阪商船五五隻、三井船舶一七隻、[90]川崎汽船一二隻[91]であるように、大手海運会社が保有船腹量の多い状況に変わりはない。ただ、三井船舶は日本独立後に定期航路拡充の積極政策を進め、日本郵船と大阪商船に並ぶ三大海運会社と称されるようになった。タンカー部門でも中堅会社であった飯野海運が積極的に船舶の拡充をすることで、大手海運会社の一つとして扱われるようになるなど、戦後を通じて業界の構造は徐々に変化していくことになる。

一九五〇年代における海運の中心的な業界団体は、日本船主協会である。日本船主協会の設立は、日本郵船社長であった近藤康平による統一的船主団体設立の主張を受け、一九二〇年九月に設立された。一九三五年九月の段階で会員会社保有船舶八六〇隻、約三三〇万総トンに達し、一〇〇〇総トン以上の船舶の八二%が加盟をしていた。[92]このように船主協会は、一〇〇総トン以上の船舶を所有するほとんどの海運会社を包摂する業界組織であった。しかしながら、戦時中は国家統制機関を担うべく改組された日本海運協会として活動したため、ＧＨＱにより解散を余儀なくされた。

一九四七年六月五日、まさに日本海運協会の解散決議をした同日に、日本郵船社長の浅尾新甫を設立発起人総代として、戦後の日本船主協会が設立した。日本船主協会の会長は、一九六六年までに板谷商船副社長の板谷順助（一九四七‐四九年）、新日本汽船社長の山縣勝見（一九四九‐五二年、一九五六‐五七年）、日本郵船社長の浅尾新甫（一九五二‐五三年、一九六〇年）、大阪商船社長の伊藤武雄（一九五四‐五五年）、三井船舶社長の一井保造（一九五八‐五九年）、大阪商船社長の岡田俊雄（一九六一年）、三井船舶社長の進藤孝二（一九六二年）、日本郵船社長の児玉忠康（一九六三‐六六年）がそれぞれ就いていた[93]。設立の初期を除けば、業界・政財界に影響力のある大手海運会社の社長が会長に就任していることがわかる。初期においても、板谷の就任は彼が貴族院議員、参議院議員であり、政財界に顔が広いことがその理由であった[94]。また、山縣勝見も会長在任中、業界からの要望で一九五〇年に参議院選挙に出馬して議員になるなど、業界と政界の「ネットワーク」をつなごうとする動きがみられた。換言すれば、本書が対象とする時期の海運業は、政治との距離が近い環境に身を置いていたということである。

海運業界が「ネットワーク」を通じて復興の補助を求めたのは、彼らの置かれた戦後の状況にあった。海運業者は船舶がなければ利潤を獲得できず、利潤がなければ船舶が建造できない。このため海運業者の利益とは、企業経営の観点から資金調達の負担を抑えて船舶を建造することにあったといえる。

他方、受注産業である造船業は、発注者である海運業界の動向に左右されやすい。また注文を受けてから実際の納期までの期間が長期間を要する産業でもある。このため、好不況によるタイムラグも大きい。加えて、造船業は多くの部品から成るため波及効果も大きく、造船所の多くは企業城下町を形成していることから、不況や倒産の際の地方経済に与える影響が大きい産業でもある。

造船業界の構造は、占領下の三菱重工の分割や一九六〇年代を中心とした相次ぐ造船会社の合併のため、総体的にとらえるのは難しい。とはいえ、一九六〇年代の合併期を経た、三菱重工業、石川島播磨重工業、日立造船、三井造船、川崎重工業、日本鋼管、住友重機械工業が大手七社として挙げられることになる。この大手七社に即して一九五〇年代前後の時期の手持工事量を確認する場合、大手造船会社と中小会社の間での格差は大きかった。例えば、一九五七年の造船会社の手持工事量を見ると、大手七社で八五・二%と際立った数値を示していた[95]。第一次から第一七次の計画造船の建造隻数でも、大手七社への集中度は約八三%に達していた[96]。一九五〇年代前後の造船業界は、大手と中小の間で格差が存在したといえる。加えて、船舶建造は、財閥系統である三菱重工や三井造船が三菱系である日本郵船、三井系である三井船舶をクライアントとして建造する傾向にあり、海運会社と造船会社の系列関係の特徴がみられることも工事量の格差の要因に挙げられよう[97]。

一九五〇年代における造船業界の中心的な業界団体は、日本造船工業会である。日本造船工業会は、主要造船所間の連絡を図る目的で一九二一年一二月に結成した造船懇話会が始まりであった[98]。造船懇話会は造船連合会に改組され、戦時には海運業界と同様に統制色が強まり、造船統制会として造船会社を国家統制の管理下に置いた。戦争終了後、造船統制会は占領軍により解散を命じられたものの、一九四七年九月に造船業者間の相互の連携を図ることを目的として造船倶楽部を設立し、一九五一年八月に日本造船工業会へと至るのである。

日本造船工業会の会長は一九六七年までに、播磨造船所社長の横尾龍（一九四七－四八年）、浦賀船渠社長の甘泉豊郎（一九四八－五一年）、三井造船社長の加藤五一（一九五一－五三年）、三菱造船社長の丹羽周夫（一九五三－五五年）、浦賀船渠社長の多賀寛（一九五五－五七年）、播磨造船所社長の六岡周三（一九五七－五九年）、三菱日本重工業社長の桜井俊記（一九五九－六一年）、日立造船社長の松原与三松（一九六一－六三年）、三菱造船社長の佐藤尚（一九六三－六七年）がそれぞれ就いていた[99]。一九六〇年代に入るまで三菱重工が分割されていたことも影響しているものの、政財界に影響力のある三菱系からの選出が多くなっている。また横尾は、一九四九年の参議院補欠選挙で当選し議員となった。換言すれば、造船業界も海運業界と同様に、業界と政界との「ネットワーク」を想起させる構造となっていたことが窺える。

ただし、造船業界が「ネットワーク」を通じた復興の補助を求めるのは、海運業の置かれた状況によるところが大きかった。受注産業である以上、海運業者の建造意欲が促進されることが造船業の利益につながる。もっとも造船業の顧客は国内海運業者だけではなく、海外からも受注を受ける。海外からの受注が多くなれば、造船所の船台は埋まることになる。このため、海外からの受注が多いときに、造船業と海運業との利害関係にズレが生じる場合がある。

(4) 大蔵省

計画造船の建造資金を決定するうえで重要なのは大蔵省である。特に開銀の財政資金は、予算編成と併せて策定される財政投融資運用計画により決定されたため、大蔵省の方針が影響力をもった。また大蔵省による予算編成は、それ自体が政策の「決定」を意味した。[100] 予算の決定と査定作業を通して、大蔵省は他省庁の政策決定に影響を与えることからである。さらに大蔵省は、各省庁からの要求に対する受動的な立場を通して、特殊利益から切り離された予算の査定機関としての立場を印象づけていた。それゆえ、予算編成過程での大蔵省は、省庁予算の細部に介入することより、省庁レベルの予算の配分と削減を通して、全体の予算の規模をコントロールすることを目的としている。[101]

こうした大蔵省の予算規模のコントロール志向は、財政危機の際に先鋭化してきた。[102] では、本書の対象時期である一九五〇年代前後において、大蔵省の予算規模のコントロール志向はどのように位置づけられるか。この時期は基本的に緊縮予算の時期に該当するが、独立後の一九五二年度補正予算や五三年度予算において予算膨張の傾向が強まった。独立後の政治の流動性や少数与党による予算編成は、国会で修正される可能性を高め、予算の見通しを不確実なものとしたためである。このため大蔵省は、一九五四年度から五六年度にかけて一般会計の歳出規模を一兆円に抑える「一兆円予算」を掲げて緊縮予算の方針をとった。[103] それゆえ、大蔵省の緊縮予算への姿勢は、対象期間中における一貫した立場であったといえる。[104]

また大蔵省は、歳出抑制の立場をとる際にはとりわけ特定産業への手厚い補助に否定的であった。

特定産業への手厚い補助を認めれば、他の産業にも波及して歳出の圧力が強まるためであった。加えて、一度補助を認めれば、廃止することは容易ではなく、恒常化することで歳出が硬直化するためであった。歳出が硬直化することは、予算規模をコントロールする志向をもつ大蔵省にとって避けるべき状態であったといえる。手厚い補助に対する点と同様に、特定産業の融資のみを担う専門金融機関の設立にも否定的な立場をとった。専門金融機関の設立を認めれば、この機関に対するコントロールは特定産業を所管する省庁に移るため、金融機関を監督する大蔵省にとって権限の縮小を意味した。

以上のことから大蔵省は、計画造船における利子補給制度や損失補償制度といった、他の業界と比して手厚い助成制度、あるいは船舶建造のための特定融資機関となる海事金融機関の設立などの諸構想が争点に上がるとき、反対の立場をとると考えられる。大蔵省の計画造船に対する対応は、歳出抑制の立場から資金枠を抑えることにあるといえる。

(5) 政府系金融機関と民間金融機関

計画造船への資金を供給するアクターは、政府系金融機関と民間金融機関である。まずは政府系金融機関の特徴から確認する。ここでの政府系金融機関とは、一九四七年に設立された復興金融金庫と、復金の業務を承継し一九五一年に設立された日本開発銀行である。復金および開銀は、いずれも民間金融機関では融資困難な産業への融資を目的に設立された。

復金が特に重点的に融資したのは、傾斜生産方式の観点から石炭であった。傾斜生産方式は、限られた資源を石炭と鉄鋼の生産回復のために集中的に投入する経済政策であり、復金の融資が最優先で石炭に割り当てられていた[105]。しかし、復金の融資は、業種によっては運転資金だけではなく、赤字補塡に充てられることも多かった。加えて復金の資金調達は復金債であり、ほとんどを日銀が引き受けていたため、インフレに拍車をかけた。結果として、復金の低利融資は補助金の性格を強めていくことになる[106]。

復金の資金融資の手続きは、産業別資金割当計画が経済安定本部によって立案され、閣議の決定を受けて指示された。この計画をもとに復金は、資金運用計画を作成した。融資方針による具体的な決定は、大蔵大臣を委員長として安本長官、商工大臣、農林大臣、日銀総裁ら一二人から成る復興金融委員会が決定した。また一件につき五〇〇〇万円以下の融資は、委員会の下部組織として関係官庁および日銀・復金の局部課長から成る幹事会により認定された[107]。このように復金融資は、融資対象に関係するアクターにより決定されるため、政府の政策の意向が反映されやすかった。関係アクターの意向が反映されやすいことは、「議員・政党の介入」を受けやすい構造であることを意味した。

政治的介入により不正融資が生じやすい構造は、一九四八年の昭和電工事件によって明らかとなる。昭和電工事件は、復金から多くの融資を受けようとして昭和電工の社長が政界に贈賄をしたとされた事件であった。この事件は、「政治家などが直接政府融資の配分に携わる場合、受け手が融資の一部を賄賂に当てて政府資金の追加的配分を受けるという循環により、閉じた汚職の構造が形成されることがある」点を示すものであったといえよう[108]。この後、総予算の均衡と補助金の全廃を方針とするドッジ・ラインにより復金の新規融資は停止となり、復金は一九五二年に開銀に債権・債務を譲渡し、解散した。

だが、一九五〇年に勃発した朝鮮戦争による特需景気は、新たな長期金融機関の必要性を高めた。これを受けて日本開発銀行が設置された。開銀の融資は電力と海運が重点的な融資対象とされ、またその資金融資の手続きは復金に比べて決定の自律性が高まった。資金融資計画は予算編成作業のなかで進められ、予算の決定後、開銀は財政資金の最終的な運用計画を策定し、それに基づいて開銀が融資の審査・決定をした[109]。以上のように、融資総額は政府の決定により決まるが、融資の最終的な判断については開銀の自律性を高めていたのである[110]。それゆえ、開銀は独自の立場から融資を判断するため、海運・造船業界の資金調達の見通しを不確実にしていたと考えられる。

次に、民間金融機関の特徴はどうであろうか。民間金融機関における計画造船への融資の大半は都市銀行が担っており、次いで日本興業銀行といった長期信用銀行が担っていた。例えば、見返資金方式では、民間資金のうち都市銀行が六割を占めていた[111]。民間金融機関側が融資する場合に問題とするのは、貸し付けが企業の経営悪化や倒産によって不良債権となることである。このため民間金融機関側は、不良債権が生じやすい企業や産業に対しての融資に消極的であると考えられる。船舶金融は、貸し付けが長期間にわたり、担保も事業収入・船舶であることから回収が困難な融資対象であった。それゆえ民間金融機関側にとって、船舶金融は消極的な融資対象だったといえる。

民間金融機関側の全国的な業界団体は、一九四五年九月二八日に設立された全国銀行協会連合会

（全銀協）であった。全銀協は、ほとんどの都市銀行と地方銀行が加盟した。発足時の会長は加藤武男（三菱銀行頭取）、副会長に万代順四郎（帝国銀行頭取）、岡橋林（住友銀行社長）がそれぞれ就いた。理事は、帝国、三菱、安田、横浜正金、日本貯蓄、日本興業、埼玉、三和、住友の九行から、監事は三和、東海、住友から選ばれた。[112] このように、理事や監事は埼玉銀行を除けば、ほかは都市銀行であり、全銀協は都市銀行を代表する業界団体だったといえる。計画造船については第五次までは個別の銀行ごとに海運会社、政府と折衝したが、第六次からこの全銀協が協調融資の折衝の任につくことになった。[113] 業界全体として意見を主張することにより、協調融資への業界側の態度を反映させやすくなったといえる。

また一九五〇年前後の民間金融機関は、オーバー・ローン（銀行の貸出金が預金を超過している状態）にも悩まされた。銀行経営の正常化を図る観点から、民間金融機関は、産業融資に消極的な姿勢を示していくことになる。特に海運への融資は、その性格から難色を強く示すことが多かったのである。

(6) 政党

「議員・政党の介入」の主役たる政党は、一九五五年の保守合同での自由民主党の結成と社会党の統一による一九五五年体制が成立するまで、離合集散を繰り返した。この流動的な時期であった一九五〇年代における日本の政党や政治家は、海運政策を推進すべき政策として認識していた。彼らの認識の背景にあったのは、政界と海運業界との強い結びつきである。

例えば、一九五〇年代前半に佐藤栄作は、飯野海運の社長であった保野健輔と頻繁な接触をしていた[114]。保野自身、海運業界と政界との交渉の役回りを自覚していた面があった[115]。他にも保守政党の政治家には三光汽船社長の河本敏夫や名村汽船取締役の有田二郎、運輸省海運局長の岡田修一の兄である岡田五郎や船舶公団初代総裁の元運輸官僚である有田喜一、佐藤栄作の側近とされた元運輸官僚である木村俊夫など、業界と政界を架橋する政治家が存在した。

こうした海運業界と政界の結びつきの強さは、業界が海運・造船の復興に政治的支援を求めた証左といえる。特に一九四九年四月に設立された議員連盟である海運議員連盟（海議連）は、政治的支援の中心的な場となった。海議連結成を働きかけたのは、有田喜一や関谷勝利といった海運に関係の深い政治家であった。有田は次のように述べている[116]。

> 私が国会に出てからの話ですがね、議員連盟をつくろうじゃないかと、私が言いました。そのとき米窪満亮君も社会党議員でしたが賛成してくれました。それから関谷勝利君もね、この人も熱心でした。この三人が一緒になってやろうということになって推進したのです。国会にたくさんの議員連盟がありますけれども、与野党一緒になってやっておるのは、海運議員連盟だけなんです。

海議連が超党派の議員連盟であったことは、発起人や役員のメンバーからも窺える。海議連は、石原円吉、石原登、岡田五郎、首藤新八、関谷勝利、西村久之（以上、民主自由党）、有田喜一、川崎秀二、河本敏夫、中曽根康弘（以上、民主党）、米窪満亮（社会党）らが発起人となって設立した。この連盟は、設立時において衆議院議員九三名、参議院議員三二名の合計一二五名を擁する大規模な連盟であった[117]。理事長は星島二郎（民主自由党）が就任し[118]、常任理事に石原円吉、板谷順助、首藤新八、前田郁（いずれも民主自民党）、有田喜一、川崎秀二、小林勝馬（民主党）、小泉秀吉、門司亮、米窪満亮（社会党）、木下栄（国民協同党）、羽仁五郎（無所属）、小野哲（緑風会）が就いた。事務局は日本船主協会内に置かれ、顧問に海運総局長官官房総務部長であった壺井玄剛が就いた。理事会には、日本船主協会や日本造船工業会の会長といった海運・造船関係者、海運局や船舶局の官僚が出席し、海運政策の説明や意見・要望を行った。このような組織として成立した海議連は、業界と政界の緊密な結びつきを示す組織だったといえる。

海運議員連盟は、日本の独立を控えた一九五二年二月の定時総会で海運造船議員連盟に改称した。「造船」の名称を新たに追加したのは、船舶の建造をさらに推進することを表明したものと考えられる。運動方針では「緊迫しつつある世界情勢の下、我が国は極めて不完全な条件において経済の自立を迫られているとき、特に重要基礎産業である海運において、外航船腹の増強は未だ緒に就いたばかりであるにかかわらず見返資金の先細り並びに国内金融の引締め等による資金枯渇のため重大な危機に直面するに至った」とし、海運、港湾、船員対策の方針を示した。特に造船については、「造船施設の改善を助成し、適正な建造量の計画的確保並びに新造船発注方式の適正化を図り、優秀低廉な邦船の建造を期するため、我が国の造船能力を最大限に発揮せしめるごとく、邦船の建造量とも睨み合せて輸出船の受注をも図る措置を講ずるよう推進する」とした[119]。こうした運動方針をもとに海議連は、運輸省、日本船主協会、日本造船工業会といった海運関係組織との連携の緊密化を図っていくのである。

以上のことから、造船疑獄が起こる時期の諸政党は、海運政策に対して推進すべき立場をとり、海議連が業界と政界の「ネットワーク」として媒介する機能を果たしていたのである。

ここまで本節は、三つの方式に即した時期区分によって計画造船の政策過程に関する見取り図を提示し、さらに計画造船に関係する主要アクターの特徴を整理した。これらの作業は、歴史分析における重要点を示し、アクターたちの「ネットワーク」の基本的な構造を析出することでもあった。次章以降は、これらの整理をもとに計画造船の政策過程について歴史分析を行っていくこととしたい。

第2章

占領期のなかの計画造船
――政策の模索と手続的制度化

第一節　終戦直後の海運業

(1) 海運業の環境とGHQの初期の賠償方針

一九四五年八月一四日に日本はポツダム宣言を受諾し、戦争は終結した。戦争中、海運業・造船業は軍需を中心に多くの船舶を建造し政府に供出したが、戦中に建造された船舶の大半は焼失した。日本の船腹量は、太平洋戦争開戦時に二六九三隻、約六三〇万総トンを有していた。だが、終戦時において八七三隻、約一五〇万総トンまで減少した。[1] 残った船舶のうち一八五隻、約四九万総トンが就航不能な船舶であり、これを除いた残存船腹量は、日露戦争期と同水準であった。[2] また就航可能な船舶は、戦中の工期短縮と資材節約によって低性能船であった戦時標準船や木造船が多くを占めていた。[3] 残存船舶量が戦前の水準を大きく下回り、残った船舶の多くが低性能船である海運・造船業を取り巻く環境は、過酷なものと言わざるをえない状況であった。

終戦により日本がGHQの占領下に入ることで、海運・造船業の動向も占領方針に規定されていくことになる。GHQによる経済政策の初期の基本方向は、非軍事化と民主化を志向するものであった。この主な具体化は軍事産業の解体を含めた賠償政策であり、その範囲を初めて示したのが「日本からの賠償即時実施計画」、いわゆるポーレー中間報告であった。

ポーレー中間報告の作成は、一九四五年九月にアメリカのH・S・トルーマン大統領が、自身の信任も厚くカリフォルニアの石油会社の経営者であったE・ポーレーに対日賠償政策を委任したことで開始された。同年一一月にポーレーは対日賠償使節団を編成して来日し、具体的な作業に着手した。一二月六日に中間報告は早くも作成され、一八日にはトルーマン大統領にも中間報告が提出された。[4] この報告では、工作機械製造能力の半分、火力発電所の半分、マグネシウム・アルミニウム工場製造工場の全部などが賠償撤去対象に指定され、日本政府にとって極めて厳しい内容であった。特に造船業については、代表的な二九の造船所のうち二〇カ所に対して、占領に必要な船舶修理用を除くすべての設備・機械を賠償として撤去するとされ、実現された場合の造船業界に与える影響は深刻なものと予想された。また、海運業も、許容海運力として鋼船の船舶保有量が一五〇万総トン以下、船型五〇〇〇総トン以下と制限され、五〇〇〇総トン以上の船舶一一四隻、約八七万総トンが賠償として取り立てる対象となり、造船業界と同様に厳しい措置となっていた。[5] 総じてポーレー中間報告の基調は、日本に対する懲罰的な色合いが濃いものであった。

GHQは、当初の占領方針において海運・造船を潜在的な戦力ととらえ、保有船舶隻数、保有量の制限を企図していた。この厳しい制限方針は、一九四六年四月一日付で提出されたポーレー最終報告(同年一一月に公表)による賠償計画案でも変わらなかった。しかしながら、賠償計画とその実施手順は一一カ国から成る対日占領の管理機構であった極東委員会において足並みが揃わず、「はてしないペーパー作り」を重ねながら、一九四七年まで膠着状態が続くことになる。[6] このような状況のなか、GHQやワシントンにおいて、日本経済の復興のために賠償規模の早急な確定が必要であるという認識が深まりつつあった。何より、賠償物件の個別指定が未確定のまま推移することは、企業家や銀行家の活動意欲に与える影響が懸念されたのである。

他方でポーレー中間報告と最終報告をめぐって、日本政府側も賠償方針の情報を収集しつつ、その緩和を働きかけていった。例えば、一九四五年一一月に終戦連絡中央事務局総務部第一課(のちに総務課)の課長であった朝海浩一郎は、日光に向かう途中でポーレーの賠償使節団と接触し、賠償方針の情報を得ている。五〇〇〇(総)トン以下であれば船舶建造は可能であるのかという質問に対して、ポーレーは次のように回答したという。[7]

日本が現在修理し居る船舶を加算するも尚その経済の重要を充し得ざるべきは自分も承知す、

百万トン以上の船舶を有すとするも尚不足なるべきに付き、造船を禁止する考えなし。五千トンと言いたるは自分の頭に浮かびたる数字にて別に根拠ある次第にはあらず、要はこの造船業が何時にても大戦艦、航空母艦を建造し得るが如き基礎を有することを芟除し置かんとするものに外ならず。日本より全然海運を取り去ることは日本経済の死滅を意味すべし。

確かにポーレーも日本経済再建における海運の重要性を認識していた。だが、前述の中間報告のように、海運・造船業に対する厳しい賠償方針が示されたことも事実であった。中間報告発表後の一二月一四日、朝海は、賠償使節団の一員であったH・マクスウェルとの会見を次のようにまとめている。[8]

日本の保有し得べき船舶の大きさに付いては今迄の米側説明は抽象的なりしも、今回の会談により明確に日本は沿岸貿易を行い得る程度の大きさの船舶を所有し得るに過ぎざること明示せられたり。この点は今次会談に於て我方の知り得た最大悪情報といい得べく、従て保有希望船腹量の四〇〇万トンにも影響し来るものかと思考す。

翌一九四六年一月まで続いた賠償使節団と日本政府側の会談でも、この保有船腹量四〇〇万総トンの容認が主要な要望事項とされたのであった。[9] 日本政府側の賠償緩和の要望は精力的に続けられたが、前出のように最終報告でも厳しい賠償方針が堅持された。最終報告提出後の一九四六年五月、船型制限への質問をした朝海に対して、ポーレーは次のように回答したのであった[10]。

自分の経験によるも自分は一九三六年日本の一油槽船が十九浬〔ノット〕乃至二十浬の快速力で太平洋を横断し生糸を運んだ商売に関係したことがあるが、かかる優秀船は何時でも軍事目的に転換し得るものであって、この種のシッピングに対して厳重なる統制の行わるべきことは当然である。

このような海運・造船業への厳しい賠償方針に貫かれたポーレー最終報告は、提出から約半年後の一一月に公表となったように、アメリカ政府内でもその方針をめぐり意見の対立が生じていた。政府内部での最終報告批判と賠償緩和の見解を報道するメディアに対し、D・アチソン国務次官は、一二月一〇日の記者会見で最終報告の審議経過を公表し、最終報告からの賠償緩和説を否定するほどであった[11]。

とはいえ、GHQはポーレー案からの賠償緩和を検討し始めており、占領政策の目的が非軍事化と民主化から経済復興へと移り始めていた。この政策転換は海運・造船業にとって望ましい兆候ではあったが、まさに同時期に、戦後日本の海運政策の政策的根拠となるGHQの戦時補償に対する対応が進められたのであった。

(2) 戦時補償の打ち切りと賠償緩和

海運業界は戦時中に多くの船舶を消失した。彼らにとって船舶は生産活動の手段であるため、その消失は生産活動ができなくなることを意味する。失った船舶は戦時中に徴用されたものであり、政府による戦時補償の対象となっていた。それゆえに、海運業界にとって戦時補償は商船隊を再建するうえで不可欠なものとしてとらえられていたのである。

だが戦時補償は、戦後の財政を圧迫するものであり、戦後直後のインフレーションの原因でもあった。このため財政再建とインフレ抑制の観点から、戦後の早い段階で打ち切りが検討されることになる。当初、政府の方針は、「政府の補償義務はいわば公約であり、また戦争保険金の支払い義務や契約解除による賠償義務は私法上の義務でもあるから、支払い金額はできるだけ圧縮するにしても支払うこととし、その代わりインフレ防止の目的と財産や利得の不均衡を是正する目的で財産税や法人戦時利得税、個人財産増加税などをかけること」を検討しており、戦時の補償を前提としていた。[12] この三税案（財産税、個人財産増加税、法人戦時利得税）による処理方針とその財政再建計画は、一九四五年一一月二四日のGHQによる「戦争利得の除去及財政の再建」の覚書と概ね呼応するものであった。[13]

しかしながら、一九四六年に入るとGHQの処理方針は、戦時補償の打ち切りへと次第に転換し、五月三一日には補償請求権に一〇〇%課税を行ういわゆる課税提案が、W・マーカット経済科学局長から第一次吉田茂内閣の石橋湛山大蔵大臣に示された。[14] この提案についてマーカットは、マッカーサー最高司令官による日本経済の再建の早期化を図る方針とは異なる恐れがあるものの、専門家の意見によるため、日本政府側のイニシアティブを求めるものとしていた[15]。石橋蔵相は次のように回顧している[16]。

果たして五月三一日、マーカット経済科学局長に招かれて行ってみると、戦時補償百パーセント課税案なるものと、財産税とについての覚書を渡され、すみやかに、この案を実行してもらいたいということであった。これはなかなか頭の良い案であった。（中略）しかし一つ、どうしても反対せざるを得ない点があった。それは、この補償打切りの損害を、そのまま銀行に及ぼし、したがって預金者の預金を打切る結果になることであった。

経済復興への影響から石橋蔵相は、早急な処理には懸念を示していた[17]。一九四六年六月三日に石橋蔵相はGHQに赴き、自身の考えを伝えた[18]。GHQ側は、すでに財界側は知っているのだから早く発表したほうが却って生産を促進すること、打ち切りの代わりに復興金融会社案を用意していることを表明した[19]。

以後も打ち切り回避への折衝が続けられたものの、GHQ側の戦時補償の打ち切りへの意向が強固なことが次第に明らかになり、最終的に打ち切りは確定する[20]。戦時補償特別措置法が一九四六年一〇月に公布され、戦時補償には一〇〇％の戦時補償特別税が課せられることになったのである。この間に生じた戦時補償問題をめぐる石橋蔵相とＧＨＱの対立は、帰結として石橋の公職追放を促す契機となった[21]。

戦時補償が打ち切られたことは、海運業界にとって再建の梃子と期待したがゆえに大きな打撃となった。海運八五社の戦時補償特別税額の総額は二四億四九七一万円に及び、特に船舶が多く徴用された海運会社ほど損失は大きかった。日本郵船の支払税額は三億四六一七万円、大阪商船は四億五〇九八万円であり、三番目に税額が大きい山下汽船が一億一八〇〇万円であることから、他の会社に比べて二大海運会社の支払税額の規模が著しいことがわかる[22]。当時の大阪商船の資本金が一億二二六〇万円であったことも、その措置による損失の大きさが窺えよう[23]。

一九四六年末に日本郵船社長となる浅尾新甫は、一九六〇年代に戦後の海運の環境を次のように振り返っている[24]。

なぜ、日本の海運が、戦後十八年間も、苦しい道を歩み続けてきたか、分析してみると、根本の原因は、昭和二十一年の戦時補償の打ち切りである。

戦時補償の打ち切りという問題を、世の中に訴え始めたのは、かなりあとのことである。占領時代の初めには、そういうことを言い出しても、とても問題になるまいと考えていたので、初めは、差し控えていた。しかし、第五次計画造船のあとだったと思うが、吉田総理から、海運のことについて意見を聞きたいと、ごく少数の人が首相官邸に招かれたことがある。そのときに、会いに行く人たちが意見の交換をしておいた方がいいだろうというので短時間ではあったが、意見を述べ合った。

私は、「計画造船の割り当てについては、戦争被害を考慮に入れるべきではないだろうか」ということを言い出したが、海運当局は、予期したように反対だった。というのは、占領下の惰性がまだ残っていたからであろう。その席に、海運界の長老もいたが、賛否を言わず黙っておられたことは、残念であった。

浅尾の回顧は、戦時補償の打ち切りが海運に与えた深刻な影響に関して、早い段階で認識していたことを示している。かくして海運会社は、船舶拡充の際に政府の補助を訴える根拠として、折に触れこの措置による海運業界の被った損害を指摘していくことになるのである。

他方で懸案となっていた賠償計画は、一九四七年一月にアメリカ陸軍省が賠償計画を再評価するため、民間経営者であったC・ストライクを団長とした調査団を日本に派遣した。ストライクの調査団は、日本に一カ月ほど滞在して調査を進め、二月一八日に陸軍省とD・マッカーサーに報告書を提出した。この報告書が第一次ストライク報告である。

第一次ストライク報告は、新たな数値基準を示さなかったものの、造船能力制限の再考を勧告しており、海運・造船業界にとって制限緩和への一歩を示すものといえた[25]。このストライク報告は、ポーレー報告の賠償計画案との調整が図られ、一九四七年四月に新しい賠償計画(SWNCC二三六/四三文書）を作成し、極東委員会に送付された。同計画において海運業では、二〇〇〇万総トンを超える船舶に対して、三〇〇〇軽排水トン以上あるいは速力一五ノット以上（のちに六〇〇〇総トン以上で一五ノット以上に変更）の船舶を賠償撤去することが規定された。造船業は、年間一五万総トンの新造船、年間三〇〇〇万総トンの修繕能力を超える建造・修繕施設が賠償対象とされた。[26]海運の保有船腹量が二〇〇万総トンに引き上げられたことや、速力規制についても終戦直後の段階で速力一五ノット以上の船は少なかったため、海運・造船業界に対する賠償の緩和は着実に進んだものといえる。[27]

以上のように、終戦後の海運を取り巻く環境を主に規定していたのは、賠償と戦時補償に対する占領方針であった。海運・造船業にとって賠償方針が次第に緩和の方向で進んだことは望ましかったが、戦時補償が打ち切られたことは業界再建には大きな打撃となった。だが、占領政策は日本の経済復興を重視し始めており、その点は戦時補償の打ち切りにおいても意識されていた。この状況下のなかで計画造船は始動することになるのである。

第二節　計画造船の開始

(1)　復興金融金庫と船舶公団の設置

ＧＨＱは、戦時補償の打ち切りと引き換えに復興金融会社案を検討していた。日本政府側の最初の具体的な構想は、第一次吉田茂内閣の下で一九四六年六月一九日に作成された「復興金融資金設置要綱案」であった[28]。この主な内容は、大蔵省に特別会計で経理される復興金融部を新設し、融資決定機関として復興金融委員会を設けて融資するものとされた。同月二五日の閣議で「戦後産業再建のための応急的金融対策に関する件」が決定され、緊急融資の必要性から開設までの応急措置として日本興業銀行に「復興特別融資」を担わせることとし、復興金融委員会にその審議を担当させることに決定した[29]。復興金融委員会は、七月二七日に大蔵次官を委員長とし、大蔵、内閣、商工、農林、運輸の関係部局長および日銀、興銀の役員と関係部局長を委員として発足した。併せて興銀は、復興特別融資を扱う復興金融部を設け、八月一日より業務を開始した。

しかしながら、特別会計による復興金融資金設置の方針は、GHQとの交渉過程で独立金融機関の設置へと転換する。前述したように、GHQがアメリカの合衆国復興金融会社に倣った復興金融会社の設立を認めたことから、独立した国家金融機関の構想が浮上したためである[30]。この構想は復興金融金庫として具体化され、一九四六年七月から八月にかけて人事案などが検討されていく[31]。同年九月に「復興金融金庫法案」が国会に提出された。九月三日、衆議院の復興金融金庫法案委員会において、石橋湛山大蔵大臣は法案の提出理由を次のように述べている[32]。

今回戦時補償の徹底的解決を断行致すことになりましたので、今後は企業及び金融機関共に過去の厖大なる負債の重荷から解放されまして、新たな活動の基盤を確立することが出来る訳でありります、即ち企業は健全なる資産のみを有して資金の借入れが容易になり、金融機関は又軍需融資の回収等を顧慮することなく、新たな融資に専念し得ることになつた訳でありますから、当面の金融梗塞の根本的な原因は理論的には除去せらるる訳と信ずるのであります、（中略）我が国経済の復興に寄与する企業であるならば、それが必要とする資金は之を円滑迅速に供給して、以て民需生産の再興を促進する、其の為には特殊の金融機関が必要であつて、一般の金融機関がなし得ない金融を分担せしむることが、どうしても今日の日本には必要であると、斯う考へまして、既に早くから此の案を考へて居つたのでありますが、今回其の成案を得ましたので、茲に提出を致した次第であります。

この提出理由からも明らかなように、復金の設置は戦時補償の打ち切りと連動していた。かくして「復興金融金庫法」は成立し、一〇月二九日の施行とともに復金設立の準備が進められた。復興金融委員会は改めて設置されることになり、大蔵大臣を委員長、経済安定本部長官を副委員長に、委員として商工大臣、農林大臣、日本銀行総裁、金融界および産業界からの学識経験者七名を加えた一二名で構成された。また委員会の議案の下審査をする幹事として大蔵省、商工省、農林省、運輸省、安本の関係局課長、日銀、復金の関係部局長に加え、産業界と金融界を含めた合計二五、六名が任命された[33]。復興金融委員会は、理事長に興銀副総裁の末広幸次郎、副理事長に東急社長の篠原三千郎を推薦したが、いずれも公職追放の範囲の拡張により該当することが明らかになった。このため、復興金融委員会で再度選考がかけられ、一九四七年一月一〇日に理事長を伊藤謙二（興銀総裁）、副理事長に川北禎一（日銀理事）を推薦し、兼職のままで就くことが決定された。次いで同月二三日に役員の全員任命があり、二五日から業務が開始されることになった。

産業復興を目的とする復金は、石炭、鉄鋼、肥料、電力、海運、繊維の基幹産業を重点的な融資対象とした。石炭と鉄鋼への重点融資は、傾斜生産方式による選択と集中によるものであった。石炭は当時の日本の主要なエネルギー源であり、企業の生産性を高めるうえで重要な産業であった。電力もまた同様であった。肥料とは化学肥料のことであり、重点産業とされたのは当時の日本が食糧難に悩まされていたことを背景としていた。占領初期にあって食糧危機を回避することは、内閣の最重要課題の一つとなっていた[34]。すでに第一次吉田茂内閣の成立直前に食糧メーデーが起こり、吉田首相は食糧危機を乗り切るためにGHQに食糧の輸入を要請したことがあった[35]。海運の場合は、石炭を運ぶ船舶建造といった国内輸送力の強化の観点から重点融資の対象とされ、傾斜生産方式との連動を示すものと考えられる。

具体的な重点産業の融資額は、一九四六年度ではこの六部門で四五・六%、一九四七年度には五四・三%が供給された[36]。海運業界にとって、重点融資の途が開かれたことは、復興の足がかりとなるものであったといえる[37]。とはいえ、融資条件は必ずしも十分なものではなかった。貸付後三年の据え置き期間を含めた五年ないし一〇年の償還期限による分割償還とされたものの、金利が一一・三%と高く、船主のみの負担では船舶を建造できても、インフレによる船価の上昇によって運航採算がとれないおそれがあった[38]。それゆえ、復金融資の活用を促す方策が求められたのである。

海運業界にとって復金融資の活用を促進する契機となったのは、一九四七年五月の船舶公団の設立であった。この設立の経緯は、終戦から一九四七年にかけて戦時体制下で物資統制を担った国策会社、営団の閉鎖をめぐる動きのなかで生じた。国策会社と営団は、GHQによる戦時の独占的な物資統制の撤廃と私的独占禁止の文脈から、大部分が閉鎖に指定された。[39]運輸省の場合は、新造船の促進に加えて、戦時中の船舶建造を扱っていた産業設備営団（一九四一年設立）解散に伴う続行船（戦時中からの建造継続中の船舶）をどう処理するかが問題であった。[40]

運輸省は、続行船の建造と船舶の建造・修理に関する融資を取り扱うため、「船舶公庁設立要綱」を作成する。[41]これは、一九四七年三月一一日に「石油配給公庁法案要綱」、「価格調整公庁法案要綱」などと合わせて閣議決定された。これらの各公庁法案は、公団に改称・修正されたうえで議会に提出された。公団への名称変更は、GHQの経済政策の基調であった私的独占の禁止に対応する公的独占の論理をもちつつも、「官庁」を体現するような「庁」という字が避けられたためとする。[42]船舶公団の性格について、有田喜一（船舶公団初代総裁、元運輸省海運総局長官）は、以下のように回顧している。[43]

戦時中産業設備営団というのが出来ましたが、営団というのは、どうも営利に通ずる感じがするのです。公社という考えもありましたが、公社というと社団法人的な感じが致しますし、これは財団法人的な性格ですから公団ということにしたのです。

有田の発言は、「庁」から「団」への名称変更の経緯と重なるものといえよう。議会に提出された「船舶公団法案」は一九四七年四月に成立し、船舶公団は五月二二日に設立されるに至った。船舶公団は「海運の速やかな復興を促進する」ことを目的として、基本金を政府全額出資の三億円とし、事業資金を復金から借り入れるものとされた。主たる事業は船舶建造であり、船舶公団は事実上の融資機関の役割を担うことになった。総裁には、前述の有田が海運総局長官との兼任で就き、副総裁には民間人から谷口茂雄(明治海運社長)が就任した。[44] 総裁と副総裁の人選からも、船舶公団が運輸省と海運業界による船舶建造を推進する組織であることが窺える。換言すれば、船舶公団は、船舶建造促進を目的とした運輸省と海運業界の緊密な「ネットワーク」を創出する組織であったといえる。こうして復金を資金とする船舶建造の体制が整備されたのである。加えて一九四七年九月にGHQは、新規造船の建造を許可した。これにより、運輸省と船舶公団、海運業者を中心とした船舶建造の「ネットワーク」の下で戦後初めての計画造船が開始されたのであった。

(2) 復金方式による計画造船の開始

復興金融金庫の融資と船舶公団の活用による復金方式は、海運業者の建造負担を緩和するうえでその後の計画造船とは異なる方式が採用されていた。第一の特徴は、建造船舶を海運業者と公団で共有する方式をとった。このため建造希望業者に対する建造資金の融資は、公団を通じて間接的に与えられる形態であった。第二の特徴は、新造船に関する公団と海運業者の共有割合を船価の七対三までの範囲とし、公団の持分は一〇年以内に共有する相手業者に売却することとした[45]。さらに公団に対する金利は、復金の基準利率のなかでも最低利率が適用されており、当初六％で融資された[46]。課題であった金利の高さも、海運業者は有利な条件で建造することが可能となったのである。前述した船舶公団総裁の有田喜一は、共有方式の経緯について次のように述懐している[47]。

私は船舶の建造資金を一部無利子にしたかったのですが、無利子にしたら他の産業に波及するので、共有という方式を採ったのです。（中略）資材がないものだから、やっぱり政府が介入しないとうまく確保出来ない。いっぽうでは民間に自由活発な建造意欲を持たせようという考えがありながら、戦後のああいう混乱のときですから資材の優先的確保も民間に任していてはできない、低金利の金融ということとそこをうまくもじって、共有の形式にしたのです。

有田の発言は、復金方式が海運業者にとって資金調達の負担を大幅に緩和するための手段であったことを如実に示している。このことを踏まえつつ、本項は復金方式による計画造船の過程を確認していくことにしよう。

船舶建造を厳しく制限してきたＧＨＱは、経済復興の隘路として国内の輸送問題に直面するなかで新造船の許可に踏み切った。ＧＨＱの容認は、商船隊の復興を考えてきた運輸省にとって歓迎すべきものであった。運輸省は、輸送難を打開するためにまず造船所の資材調査をしたうえで、船舶公団との共有方式による建造目標をD型船（二〇〇〇総トン型）八隻、F型船（五〇〇総トン型）一五隻とした。D型の建造理由は国内海上輸送力の増強であり、F型の理由は石炭輸送に従事するためとされた[48]。この理由は前述した傾斜生産方式との連動を示すものといえる。一九四七年八月にF型の建造計画はGHQへと申請し、九月には許可されるに至った。F型の適格船主は、建造理由から以前より石炭輸送に従事していた海運業者に優先するとした。初めに九州の石炭輸送の中心であった西日本石炭輸送株式会社に三隻割り当てたのち、残りの一二隻が抽選で割り当てられた。

目的が明確であったF型船と比較して、D型船の計画は船主および造船所の選定に時間を要した。まず一九四七年八月に運輸省が出した「新造D型船舶割当要領（一次）」は、以下のとおりであった[49]。

新造D型船舶八隻の船主決定は原則として左の要領による。

一、割当希望者は、これを新聞広告により公募する。

二、割当希望者は八月二十日迄に海運総局海運局監督第二課に別紙様式（一）により割当適格承認願を提出すること。

割当希望者は一申請書一隻に限定すること。

三、海運総局長官は、一により願出たものの内より割当適格承認書を交付すること。

四、割当適格書承認書の交付を受けたものは、八月三十日（土曜）午前十時海運総局海運局室に出頭し、別紙様式（二）による割当申請書を提出すること。

五、割当申請書を提出した者は左の該当条件を承認したものとし、割当後条件違反がある場合には割当を取消すこと。

（イ）船舶は船舶公団と共有することができるがその船主持分率は建造船価の三割をくだることをえない。

（ロ）船舶買取資金中二百万円は自己資金又は普通融資によりこれを調達し、その内百万円は昭和二十二年十一月一日迄に保証金として船舶公団に支払わねばならない。

六、割当申請書には、船主の義務持分を越えて、申請者が所有しようとする持分の金額又は二百万円を越えて自己資金又は普通融資により調達する金額（超過自力調達額）を明記するものとし割当後右超過額の減額をなそうとする者に対しては、割当の取消しをすること。

七、船舶公団は、割当申請書中より、超過持分負担金額又は超過自力調達額の多額なものに割当優先順位を認め、同金額のもの多数ある場合は抽籤により割当を決定し、割当承認書を交付すること。

前項の場合超過持分額と超過自力調達額との間に優劣の順位をつけずに対等とすること。

割り当ての基準は、割当要領の七にあるように、自己資金調達金額が多い業者を優先した。造船所の選定に関しては、運輸省が指定した造船所のうちから海運業者が任意に選定することにした。適格船主の決定には、投機対象として建造を希望する者を排除するため官民合同の新造船割当委員会を設置し、入札制を採用した。[50] 同一金額が多数の場合は、割当要領の七にある抽選によって決定することとしたのである。

実際の入札には、八隻の割り当てに対し中小の海運企業を中心に三一社が参加した。入札の結果、一三社が落札し、同金額の会社は抽選が行われ、八社への割り当てが決定した。以上の決定を踏まえて運輸省は一九四七年一一月にGHQへと申請を行い、一九四八年一月に許可された。[51] この過程を経たD型船八隻、一万六〇〇〇総トン、F型船一五隻、八〇〇〇総トンの計二三隻の建造計画の決定が、続く計画造船と区別するために第一次計画造船と呼ばれることになるのである。[52]

第一次計画造船の開始は、海運業者にとって建造意欲を刺激するものとなった。内航船に限られていたとはいえ、船舶建造の再開は、海運業者にとって生産手段の獲得を意味したからである。運輸省は、第一次を踏襲する形で第二次計画造船の作業を進めた。運輸省は、建造目標をB型船（五〇〇〇総トン型）三隻、C型船（三〇〇〇総トン型）五隻、D型船一〇隻、F型船一〇隻とした。[53] この建造目標は、第一次の適格船主選定の際に目標隻数を上回る多くの海運会社が申請した経緯を反映したものであった。造船所の選定では、船型別に適格造船所を選定し、海運業者は船舶公団と連絡を取りつつ造船所を決定する方式が採用されている。これは、多くの造船所に受注を分散させることを狙いとした造船保護政策の付加を意味した。[54] 運輸省は、B型船三隻について七造船所、C型船五隻には六造船所、D型船一〇隻に一八造船所、F型船一〇隻では一八造船所を適格造船所として決定した。

以上のように第一次を踏襲しつつも、第二次計画造船は造船所の選定を含めていくつかの変更が行われている。第一の変更点は、一九四七年一二月に運輸省が提示した「新造船船主決定要領（二次）」において、「新造希望隻数は一申請二隻以内に限定する」とされたことである。[55]これは、海運業者が複数の隻数を申請可能にするものであり、海運業者にとって隻数の一層の拡大を見込めるものといえる。第二の変更点として、承認を受けた新造の権利は、海運総局長官の承認を得た場合を除き譲渡することが禁止となった。それゆえ第二次計画造船では、投機的な海運業者の選定を避けつつ、建造量の拡大を試みる運輸省の姿勢が窺えるのである。

適格船主の決定方法は、第一次と同様に入札制を採用した。ただし、第一次の入札が共有持分の多寡によって決定されていたのに対し、今回は自己資金調達額の多寡によって決定した。これは、投機的に高額な入札をする傾向がみられたためであった。[56]入札は一九四七年一二月に実施され、目標と同じく計二八隻、五万五〇〇〇総トンの建造が翌一九四八年六月にＧＨＱから許可された。

続く運輸省の第三次計画造船の作業は、一九四八年五月頃から準備が進められた。この時期、経済安定本部が「経済復興計画」の試案を発表している。経済計画に否定的であった第一次吉田茂内閣から片山哲、芦田均内閣へと長期経済計画に親和的な社会党、民主党を中核とする連立政権が誕生していたことが、計画の推進を後押しした。運輸省も策定に関与したこの計画の海運に関する項目では、一九四八年度から五年間で一〇〇万総トンの造船を目指すとともに、保有船腹量四一八万総トンが到達すべき目標として示された。[57]もっとも「経済復興計画」は、現状の建造ペースでは一九五二年度までに保有船腹量の目標を達成することが困難としていた。[58] それゆえ、運輸省は計画造船を通じた建造量の拡大が求められていたのである。

一九四八年七月に入り運輸省は、第三次計画造船の建造目標をB型船二隻、C型船七隻、D型船五隻、F型船一〇隻の合計二四隻として公募した。[59] 第二次の建造が六月にGHQから許可された直後であり、矢継ぎ早に第三次の公募をかけたことは、運輸省が「経済復興計画」の試案を念頭に船舶建造を促進しようとしたことを示すものと考えられる。年度内に継続して船舶建造を行わなければ、「経済復興計画」に沿った建造目標に到達することは不可能であった。

第三次計画造船における海運業者の決定方法は、運輸省海運総局内に新造船適格審査会を設け、提出された建造書類をもとに海運業者の適格を審査し、合格した業者が自己調達資金額を入札し、多額なものから優先順位を認める方法をとった。[60] 入札の前に審査することで、海運業社の決定に対する運輸省の意向が反映させやすくなったといえる。逆に海運業者側からすれば、審査に対する「運動」の余地、すなわち「議員・政党の介入」の余地が広がったともいえよう。

実際の海運業者の申請隻数は、B型船一二社（一二隻）、C型船三九社（三九隻）、D型船四四社（四四隻）、F型船四〇社（四二隻）と合計隻数で約五倍を上回る競争率となった。F刑船にあっては、自己資金調達額が五割以上を占める会社も出るほどであった。なお造船所の選定は、前回と同様の方法がとられている。これにより、B型船四造船所、C型船一二造船所、D型船九造船所、F型船造船所一五造船所が選定された。これらの経緯を経て一九四八年九月に船主および造船所が決定され、合計二四隻、五万四〇〇〇総トンが一〇月一二日にＧＨＱから許可された[61]。第三次計画造船は、第二次分と併せて建造量が一〇万総トンを超えるものとなった。

第三次に対するＧＨＱの許可を受けた直後、運輸省は、第四次計画造船の建造目標をＢ型船三隻、Ｃ型船四隻、Ｄ型船七隻、Ｆ型船五隻の計一九隻として提示し、公募を開始した。第四次では、建造船価低減のために造船所の選定方法が変更された[62]。建造希望造船所にまず見積書を提出させて金額の低いものから優先順位を決め、船型別建造予定隻数の一・五倍に相当する数の造船所を適格造船所として指定したのである。次いで船舶公団が定めた船型別最低見積船価より低い場合を失格とした。これは、不当に安い船価競争を防止するためであった。これらの条件は、造船業の保護だけでなく、造船所間の競争を促進させることで価格を抑えようとする点で、海運業者の建造意欲を高めるものであったと考えられる。

また船舶公団により最低見積船価は、Ｂ型船三億五五〇〇万円、Ｃ型船二億三七五〇万円、Ｄ型船一億四八三〇万円、Ｆ型船五五八〇万円と定められた[63]。この価格ラインに沿って、Ｂ型船は五造船所、Ｃ型船は六造船所、Ｄ型船は一一造船所、Ｆ型造船は八造船所に決定されたのである。造船所の選定経緯に対し、海運業者の決定方法は前回と同様であり、海運業者は選定された造船所との間で契約していった。

一九四八年一〇月二六日に運輸省は適格船主を決定し、一一月に許可申請をした[64]。しかし、翌年一月にＧＨＱが許可したのはＢ型船三隻、Ｃ型船四隻、Ｄ型船五隻の合計一二隻であった。この理由は、年間建造量が一五万総トンに達したためであった。前述したようにGHQの海運に対する規制は賠償への態度と同様に次第に緩和していったが、規制を上回ることは許可しなかったのである。運輸省は、年度が替わった一九四九年四月に残りの分を再申請し、GHQから許可を得たのであった。

しかしながら、一九四九年は復興金融金庫にとって転換期となる。GHQの経済顧問であるJ・ドッジが来日し、彼は経済の自立と安定を目的とした経済安定九原則の実施に向けて財政金融を引き締めるいわゆるドッジ・ラインを勧告した。戦後のインフレを克服することを目的としたドッジ・ラインの中心的な内容は、均衡財政とそれに伴う補助金の廃止であった。前年の不正融資に関する汚職事件である昭和電工事件や、復金インフレと呼ばれる高いインフレを引き起こしていた復金は批判の対象とされた[65]。これにより、一九四九年三月に復金の新規融資は停止されることになる。

復金の融資停止によって船舶公団の建造費支出が不可能となり、追加許可分については全額が海運業者の負担となった。このため海運業者は資金調達に苦しみ、F型船三隻の建造は最終的に中止となった。復金方式の計画造船は早くも行き詰まりを見せることになる。船舶公団は、その後も契約済みの新造船や修理・改造などの事業を続けたものの、ドッジ・ラインによる公団整理のなかで一九五〇年三月に船舶公団解散令が公布され解散することになった。こうして計画造船の推進とその継続をめぐる「ネットワーク」は、早くも動揺したのであった。

以上の四回にわたる計画造船の過程の特徴は、次のように整理できる。第一の特徴は、船舶公団と復興金融金庫の設置により、運輸省と海運業者、造船業者を中心とした計画造船の推進とその継続を目指す「ネットワーク」が整備されたことである。特に運輸省は、「経済復興計画」の試案で示された保有船腹量の約四〇〇万総トンの実現のため、短期間の間に船舶建造を集中して進めたのであった。また業者選定の実施過程では、運輸省は海運業の復興という政策目的の下で様々な試みを行っている。入札制は、建造能力のある企業を選抜する点において政策的合理性を担保するものであるが、競合の過熱を生み出す。他方で、第三次計画造船における審査会方式の導入は、運輸省の意向を反映させやすくなるものの、業界や政界の介入可能性を拡げるため、政策的合理性の確保に慎重を要する。この意味で復金方式の計画造船は、模索の途上にあったといえる。

第二の特徴は、復金方式の計画造船があくまでGHQの海運規制の枠内で進められたことである。新造船は船型が限定されており、年間の建造量も制約を受けていた。このため、第四次計画造船のように年間建造量を理由に許可が下りないこともあった。

第三の特徴として、新造船は内航船が中心であった。少なくとも外航可能な船舶はB型船に限られ、その建造隻数は他の船型に比べて少なかった。まだ外航はGHQの規制下にあり、就航可能船を建造しても海運会社が自由に航行できるわけではなかった。このため計画造船に参加した海運会社のほとんどが、内航主体の中小の海運会社であった。大手の海運会社のうち、三井船舶は第三次計画造船からであり、大阪商船は第四次からであった。日本郵船は、参加することはなかった。大手の海運会社は外航が中心であり、必要とするのは外航就航可能な大型の船舶である。彼らはGHQによる外航の規制解除を望むともに、いずれ大型船の建造が再開されることを期待していたという[66]。このことは、大手海運会社が計画造船へ本格的に参入するとき、大手と中小の海運会社での割当方針が争点になることを暗示していた。換言すれば、割り当てをめぐる競合関係の激化は、海運政策の重要性と相まって「議員・政党の介入」のインセンティブを創り出していくのである。

他方で確かに運輸省も、復金方式を外航船の建造まで拡張させる意図があったと考えられる。有田喜一は、「船舶公団は外国と競争する立派な外航船をつくるのが目的でしたが、最初はどこまで船主が食いついてくるかが疑問でしたので、(中略) 小さな船を造ることにした」と回想している。[67] GHQによる建造規制のため大型船舶の建造は不可能であったが、有田の発言は長期的には船舶公団による外航船の建造を視野に入れていたことが窺えよう。それだけに運輸省にとって復金の融資停止は計画造船の継続を不確かな状況にし、それに代わる資金調達の確保に迫られることになるのである。

第三節　占領政策の転換と計画造船の継続の模索

(1) 海運業を取り巻く環境変化と見返資金の導入

計画造船の実施内容を規定していたGHQの海運規制は、占領政策の方針が非軍事化、民主化から経済復興へと転換するなかで、船舶の建造量や船腹量が徐々に緩和されていった。この緩和の動向は、船舶の運航管理体制においても同様であった。占領期初期の船舶運航は、GHQの管理下に置かれ、戦時期の統制組織である船舶運営会が海運会社の船舶を管理する国営方式がとられていた。[68]

しかしながら、一九四八年頃からの経済復興を重視する占領政策の転換や、戦時の経済統制の撤廃は、船舶の国家管理の必要性にも波及した。ＧＨＱでは、一九四六年五月の段階で商船の運航を民間企業に返還する計画が検討されたものの、戦時補償の打ち切りによる海運企業の財務状態の悪さから、同年一二月には時期尚早としていた[69]。ＧＨＱ側は、占領の早い段階で海運業の民営還元を念頭に置いており、海運業者もいずれ民営還元をされるものと考え、焦点はどの段階でされるのかという点にあった[70]。ただ、労働組合である全日本海員組合が海運国営論を主張し、海運業者の一部には還元後の過当競争の恐れからこれに賛同する者もいたため、民営還元の実現は延期されたままだった。

民営還元が具体化したのは、ＧＨＱにより一九四八年九月に出された商船の新管理方式の指令であった。この指令により、一〇〇総トン以上の特殊船を除く鋼船は国家使用の形態から海運業者と船舶運営会との定期傭船方式となり、一般鋼船は定期傭船契約の下に船舶運営会に所属した[71]。船員の配乗、保船、修繕に関する業務は船主に返還された。こうした方式の切り替えは、船舶運航の効率化や輸送能力の強化に加え、政府の財政負担の軽減を目的としていた。さらに財政再建の観点から政府は、船舶運営会を一九四九年九月に同年度限りで解散することを決めた。船舶運営会が解散する以上、民営還元をすることは時間の問題となる。ＧＨＱは一九四九年八月に八〇〇総トン未満の船舶を民営還元したのに続き、一九五〇年四月に全面的な民営還元を実施した。同年八月にはパナマ運河の運航許可による日本船の不定期船配船の許可が下り、続いて一一月に大阪商船の南米定期航路開設許可により、戦後初の遠洋定期航路が始まる。こうして民営還元された海運企業は、過剰船腹の傾向にあった内航ではなく、外航進出の促進へと踏み出していくのである[72]。

外航進出の機運は、計画造船における外航船舶建造の拡大へと結実した。ただ、建造の障害となるのは、一九四九年三月をもって復興金融金庫の新規融資が停止されたことであった。前述したように、この時期の日本経済はインフレが深刻化しており、復金は復金債の多くが日銀引き受けによって発行されていたため、インフレの原因として非難されていた[73]。また同じ時期、昭和電工事件がおき、復金融資の政治性が問題となった。アメリカでも、復金のモデルになった復興金融会社の不当融資が問題とされていた[74]。緊縮財政を要請するドッジは、インフレの源泉とされた復金の新規貸出の全面的な停止を要求した。

ドッジは、復金を非難すると同時に、それに代わるものとして見返資金の設立を検討した。見返資金とは経済復興のための援助であり、貿易特別会計に繰り入れられたものの実態が不透明であった、ガリオア援助（占領地行政および救済費）・エロア援助（占領地経済復興援助）といった対日補助を同資金に繰り入れることで使途の明確化を目指したものである。一九四九年三月九日、ドッジは池田勇人蔵相と会談し、見返資金の大要を示した。このなかで貿易資金特別会計は見返資金勘定と商業勘定に二分し、また対日援助に一致する見返資金が積み立てられることなどが示された[75]。四月一日、GHQは見返資金設立および運営に関する基本方針を日本政府に提示した[76]。大蔵省はこれに対応するため、運用に関する協議を進めた[77]。四月一一日に「米国対日援助見返資金特別会計法案」の草案を作成し、修正ののちに一二日に衆議院大蔵委員会に付議した。法案は、二〇日に衆議院を通過し、三〇日に公布された[78]。

法案作業と同時に運営方針の作業も進められ、一九四九年五月一〇日に「米国対日援助見返資金の考え方（一般的基準）」が閣議了解となり、運営方針も決まった。ところが私企業の融資条件をめぐって、事態は紛糾した。大蔵省で決定した私企業への融資条件は、原則一〇％であり、GHQ経済科学局側も了承していた[79]。七月一四日、経済科学局側は了承するにあたり、電源開発、船舶、農業等に特別に低い金利を考慮する点は不可であるという見解を示した。これは、特定産業に低利融資を認めることが補助金的性格を帯びるため、復金融資の停止の意味が薄れるためであった。しかし運輸省は、船舶についてGHQ民間運輸局が「米国並みの三分五厘で可といっている」ことを理由に低利の融資条件を経済科学局財政課のE・リードに求めた[80]。運輸省にとって見返資金は、復金の代わりとなる建造資金という位置づけであり、今後の船舶建造を続けるうえで復金による船舶公団への融資と同程度の融資条件を必要としたと考えられる。それゆえ、見返資金の融資条件をめぐり、運輸省と大蔵省の対立が生じたのである。

運輸省と大蔵省の対立は、一九四九年七月一六日に設置された見返資金に関する各省の意見交換の場である見返資金運営協議会において顕在化する。運輸省海運局は、貸出金利を五・五％として要望した。これに対し、大島寛一理財局見返資金課長は、従来の船舶への融資が民間金利並みであったとして、一〇％の融資条件は高くないと否定的であった[81]。大島が言う民間金利並みの融資とは、公団にではなく、復金からの海運業者への直接融資の際の条件のことであった。運輸省の融資条件は船舶公団を活用した際の融資を想定していたのであり、この点で両省の見解の相違が窺える。

運輸省は、一九四九年八月二日の閣議了解「対日援助見返資金の海運融資条件について」で融資条件の要望を続けた。この文書では、「対日援助見返資金より融資を仰ぐ船舶は他産業と異なり専ら外国船との競争関係におかれるものであり而も世界の海運国は外洋船に対しては低利、長期資金の供給等種々の助成策を講じているにかかわらず、現在我国は一切の助成策をとることが出来ない事情に鑑み、金利を年六分とせられたい」と、海運の置かれた競争環境が強調された。[82] さらに閣議で配布された運輸省海運局作成の「新造船資金の金利について」では、金利に関して見返資金協議会で要望していた基準での低利を希望していたことが次のように端的に示されている。[83]

七、現在我国に於ける船舶建造資金に対する利子は著しく高金利である。従って見返資金を含めて現在の金利を肯定すると金利負担は輸送原価の約三割に近い部分を占めることとなりこれでは種々の助成策を以て保護されている諸外国の海運との競争は極めて困難である。

（中略）

九、結論として船舶建造に充当せらるべき見返資金の金利は現在迄に実現したものの最低である五分五厘程度とされることを希望する。

運輸省が低利を希望し続けたのは、船舶公団の建造資金が復金から借り入れるとしていたため、復金融資の新規融資停止により共有方式が不可能となり、海運業者の建造負担を緩和させるには直接金利を下げることが必要であったためである。しかしながら、この場で例外なく年一〇%とする方針が決定した[84]。この方針を大蔵省が堅持できたのは、経済科学局側の特定産業に対する低利への否定的な姿勢が変わらなかったためと考えられる[85]。もっとも、経済科学局内部でも金利の具体的な数値については、必ずしも一致しているわけではなかった[86]。私企業融資条件の緩和について経済科学局内部で検討が続けられ、金利七・五%として決定されることとなり、一九四九年九月二九日に日本窒素へ最初の融資が解除されることになった。

金利をめぐる対立を経て導入された見返資金の海運業への配分は、金利面で優遇しなかったものの、重点部門であることに変わりはなかった。見返資金は一九四九年度から五二年度まで続けられ、電力と海運で四年間の投資の全体総額が八〇%以上を占めている[87]。さらに金利を優遇しなかったとはいえ、民間金融機関の金利が一一%であったことを踏まえれば、相対的に低利な融資であった。かくして、第五次計画造船からはこの資金が活用され、ここから見返資金方式によって建造が進められることになる。

(2) 見返資金方式の開始と「議員・政党の介入」の幕開け

一九四九年の見返資金の導入により継続の隘路を打破した計画造船は、新たな局面を迎えた。見返資金方式と従前の復金方式との違いを端的に述べれば、それは計画造船の過程が「政治化」する過程であった。この象徴ともいえる存在が海運議員連盟である。

一九四九年四月、民主自由党の星島二郎を理事長として、超党派の議員連盟である海運議員連盟が結成された。この海議連の結成表明といえる「海運に関する共同声明書」によれば、「経済九原則実現のための具体的施策である予算節減と融資引締の制約下に於て新造船の建造、外航への配船、海運経営の合理化、船員の質的向上、港湾施設の復旧整備等に関して如何に海運政策を確立し、その実現にまい進すべきかは我々の双肩に負はされた重大な責務である」と、海運の再建を目指す組織として結成されたことが示されている。[88]とりわけGHQによる外航制限の解除が少しずつ具体化していくなかで、海議連は船主協会と懇談し、外航船配船に重点を置いて運動することが申し合わされていた。[89]外航船の建造促進に加えて、海議連では、海運関係の従業員の失業問題、小型汽船の自営に伴う赤字問題、燃料油の確保、運賃の調整などの多様な議題が検討された。[90]

こうした議題が検討される背景には、前述した船舶公団の廃止による海運業者への影響に加えて、民営還元と外航再開に伴う経営基盤の弱い中小海運業者への影響があった。依然として海運業者の経営能力が脆弱であることが海議連の認識にはあった。それゆえ、外航船の建造促進を左右する見返資金の資金量や金利、建造比率の動向は、海議連にとって注視すべきものであった。例えば、前述の見返資金の海運に関する金利をめぐる対立がその例として挙げられる。一九四九年七月の第三回理事会で、外国との国際競争をするうえで見返資金の金利を五分五厘程度にすることが望ましいとする運輸省側の説明を是認し、当時の吉田茂内閣に交渉していくことが決まった。[91]八月五日には星島理事長が吉田茂首相、池田勇人蔵相、大屋晋三運輸相らに「見返資金中船舶金融融資条件に関する要望書」を提出した[92]。同要望書では、「我々は関係閣僚が海運の再建こそ我国経済自立の基本前提であることを銘記し、且つ船舶金融が海運の特殊性より低利長期の融資条件とならざるを得ない事情を十分諒解し、見返資金中船舶融資に対してはその金利を五分五厘程度とされんことを強く要望する次第である」と、海運業への金利低減を要望した[93]。結果的には、前述のようにGHQ側の意向により他産業に比べて見返資金の金利の優遇はされなかったものの、見返資金方式では海議連による計画造船への介入活動が見られ始めていくのである。この「議員・政党の介入」の幕開けの意味を検討するためにも、まずは見返資金方式での計画造船の過程を確認していくことにしよう。

一九四九年七月一日、見返資金の海運貸付額が七〇億円として閣議決定された。運輸省は、見返資金の金利が決定した八月に「昭和二十四年度新造船建造希望船主申込要領（五次）」を次のような内容で公表した[94]。

一、昭和二十四年度新造船は、次の二種類とする。
（一）A型戦標船の屑鉄化を条件とする代船の建造（以下代船建造という）
（二）単純な新船建造（以下新船建造という）
二、代船建造又は新船建造の希望船主は、新聞広告で募集する。
三、代船建造又は新船建造のための必要な資金の対日援助資金よりの融資限度は、次のとおり仮定する。

（一）代船建造の場合、契約船価の六割

（二）新船建造の場合、契約船価の五割

（中略）

五、代船建造については、A型戦標船一隻の屑鉄化に対して三、五〇〇総トン以上の大きさの外航航路に就航できる船舶一隻を認め、新船建造については、三、五〇〇総トン以上の大きさの外国航路に就航できる船舶に限定するが、その他の船舶の明細並びに隻数は限定しない。

（以下、省略）

このように第五次計画造船は新船建造と代船建造の二種類の建造方式を採用したものの、代船建造に関しては実際の申請はなかった。申込みは八月二〇日に締め切られ、貨物船四八社、五九隻、三一万八〇〇〇総トン、油槽船八社、八隻、一〇万二〇〇〇総トンの応募があった[95]。海運業者の審査は、運輸省内に設置された新造船船舶建造審査会によって、過去の実績や本船の採算、返済の確実性を中心に検討された[96]。

審査の結果、海運業者はA、B、Cの三級に分類され、A級とされたものはすべて適格とし、B級とされたものは公開抽選によって適格船主を決定し、一社で三隻以上応募しているものは三隻目からC級として不適格とした[97]。この審査内容に基づき貨物船三三社（三八隻）、二一万二〇〇〇総トン、油槽船六社（六隻）、七万二〇〇〇総トンを適格として決定し、一九四九年一〇月に運輸省は大蔵省に見返資金の申請をした。申請された海運業者のうち、白洋汽船と国洋汽船の二社（二隻）を除いて、大蔵省の申請に対してGHQの許可を受けた。また、大洋興業が全額自己資金とすることで貨物船一隻の建造が認められた。最終的に、貨物船三二社（三六隻）、二〇万三〇〇〇総トン、油槽船六社（六隻）、七万二〇〇〇総トンが建造された[98]。

第五次計画造船の新造船船舶建造審査会では、海運業者への割り当てをめぐり「総花主義」と「重点主義」との間で議論が行われた。大手の海運会社は、戦時の損失が大きかったことから、割り当てを多く配分されるべきとする「重点主義」という意見が強かった。委員であった日本郵船社長の浅尾新甫は、「公平の仮面をかぶった総花主義はよろしくない、実力のあるものに造らせるのが当然である」として、のちに「総花主義」を批判している[99]。

ただ浅尾のような意見は審査会、船主協会内において少数派だった。なぜなら中小の海運会社は、自身への割り当てを確保するためには、多くの海運会社に割り当てる「総花主義」のほうが望ましいためであった[100]。建造量の拡大では利害が一致する海運業者も、建造方針においては大企業と中小企業の間で見解の齟齬が見られたのである。結局、審査会の決定は海運業者の建造割当は二隻までとしたため、計画造船の「総花主義」として後年に批判の対象となった[101]。

以上のように第五次計画造船は、大手と中小との間で海運業界内の対立を露呈したものの、選定を決着させるに至った。こうした海運業界の建造意欲の高まりを背景に、業界や運輸省は、海議連への具体的な要望を展開し始めたのである。一九五〇年一月二五日、海運議員連盟は理事会を開いた。理事会では、運輸省や日本船主協会、造船工業会などの各種団体からの要望が提起され、主として外航船建造の促進と船舶公団の廃止に伴う措置、見返資金の放出について議論された[102]。船舶公団の廃止に伴う措置に関しては、公団との間で行われてきた船舶の共有制度の廃止が復興期の海運に混乱を招くとして、公団廃止後も共有制度を存続させるために船舶共有持分管理委員会の設置が要望された[103]。また見返資金の放出については、海事金融制度の確立と造船施設への放出が要望された。海事金融制度の確立の要望は、復金融資の停止の影響と見返資金が一時的な性格が強いものであることから、見返資金と政府出資金により海事金庫を設立するものであった。併せてこの海事金庫に船舶公団に代わる船舶共有も担わせようとしたのである[104]。さらに造船施設への見返資金の放出は、船舶の外国からの購入の反対の要望とともに、施設増強の観点から要望が行われている[105]。こうした理事会での各種の要望から窺えるのは、復金方式後の長期的な船舶建造体制の確立である。見返資金の見通しが不安定だったゆえに、見返資金を直接的に船舶建造に用いるだけではなく、これを梃子にした長期的な建造体制の確立が運輸省や業界団体からの要望に反映されていたと考えられるのである。

一九五〇年二月四日に海議連は、理事会への要望を受けて具体案の検討を進めた。外航船建造の促進については、有田喜一、小林勝馬（ともに国民民主党）、関谷勝利（民自党）、米窪満亮（社会党）を外航促進委員として、衆参議院での決議文の上程、GHQに陳情することが決定された[106]。海事金融制度は、前田郁、岡崎眞一（民自党）、中曽根康弘（国民民主党）、岡田勢一（国民協同党）を海事金融対策委員として、関係者団体との連絡、設置方法を検討することで推進を図ることとした。[107]造船施設に対する見返資金の放出も、運輸委員会に働きかけることが決まった。こうして外航船建造促進の決議文は、外交促進委員らによる外交促進委員会が二月八、一五日に開かれた後、二月中に提出することが確認され、決議文の内容について運輸省と船主協会に意見を求めるとした。[108]次いで二月一七日の参議院本会議において、小林勝馬らにより委員会審査の省略要求書が提出され、委員会審査を省略するとともに、外航配船促進に関する決議文が可決された。衆議院も同様の手続きがとられ、三月七日に決議文が可決している。また、海事金融対策委員らによる委員会も開かれたが、金融制度の検討より、次の計画造船における見返資金の条件改善に重点が置かれた。[109]三月二〇日の金融対策委員会は、船主協会からの要望を受けたうえで見返資金の比率の引き上げを検討するとともに、金利の引き下げを大蔵省とＧＨＱに働きかけるとしたのである。[110]

かくして海議連の活発な活動の開始は、運輸省や海運業界の要望を背景としていた。すでにＧＨＱによる計画造船の「ネットワーク」に対する介入は、建造規制の緩和と民営還元を通じて後退していた。これと入れ替わるように議員・政党は、海議連を通して計画造船の「ネットワーク」に積極的に介入する契機を見いだした。

海議連は理事会や委員会を通して海運業界の要望を受けるとともに、彼らと接触を通じて「ネットワーク」に関与する密度を深めていく。例えば、一九五〇年三月一四日に海議連は関係各団体と連絡を密にすることを目的として、毎月定期的に会合を開催することを決めている。[111]海議連の同年五月の活動報告にある関係団体との懇談会開催によれば、一一回行われたとある。[112] 海議連と業界との緊密な接触が窺えよう。前述したように、この時期、海議連では次の計画造船と見返資金の条件が議論の対象となり、船主協会から見返資金の比率の引き上げと金利の引き下げが要望されている。それゆえ、以後の計画造船の過程では、まさに見返資金の条件こそが実施の際の懸念材料となることが予期されたのである。

(3) 審議会の設置——「運動」への対応

第五次計画造船は外航船舶の本格的な建造を可能とした。この直後、一九五〇年六月に朝鮮戦争が勃発する。戦争により物資輸送の需要が高まり、輸送力強化の観点から外航船舶の拡充は喫緊の課題となった。例えば、運輸省海運調整部による資料である一九五一年一月付の「海運関係重要事項」においても、「最近の世界情勢の変化に伴い、本邦輸入物資に対する外国船利用は漸次困難の度を加える趨勢にあり、(中略)大量の大型航洋船腹の確保を更に必要とすることとなった。この情勢に対処するためには、速やかに自国外航船腹を増強することが緊要である」と主張されていた。[113]

運輸省は、見返資金の融資限度を七割、融資総額を六三億円とし、約一七万総トンの次の計画造船を実施する予定であった。[114] しかし、一九五〇年一〇月三日、秋山龍運輸事務次官は経済科学局のリード予算課長からGHQ側の意向として、昨年と同様に見返資金の融資限度を五割にするよう伝えられた。[115] 海運業界は民営還元した直後であり、十分な資金力があるとはいえなかった。民間金融機関もかねてオーバー・ローン（銀行の貸出金が預金を超過している状態）に悩まされていた[116]。このため海運企業と民間金融機関は、負担の緩和から見返資金融資限度を七割とするように運輸省に要請した。一〇月五日、運輸省は、一万田尚登日銀総裁と民間金融機関関係者と協議するとともに、山崎猛運輸相が吉田茂首相に見返資金融資限度を七割でGHQと再交渉することに了解を求めた[117]。運輸省はGHQ側と折衝を続けたものの、GHQ側は見返資金融資の引き上げが補助金の性格を強めるものとして反対であった[118]。

続く一〇月二五日の池田勇人蔵相とドッジの会談においても、ドッジは融資限度を五割にするよう伝え、変更は不可能であることが改めて強調された[119]。復金に否定的であったドッジからすれば、見返資金の補助金的性格が強まることは反対であった。これを受けて同月二六日、山崎猛運輸相は、吉田茂首相、岡崎勝男官房長官、川北禎一興銀頭取、山縣勝見船主協会会長、舟山正吉大蔵省銀行局長、造船業者、民間金融機関の代表らとともに協議した[120]。この場では、GHQに見返資金融資限度の七割の要請の継続を確認するとともに、新たな金融措置も講じることとした。融資限度を変更することが困難である以上、どのように民間金融機関側を協調融資に応じさせるかが、運輸省にとって計画実施の要件となっていくのである。

一一月一日、見返資金融資の問題に対して一万田日銀総裁は、GHQ側に造船資金を見返資金五割、民間融資五割の比率で負担する代わりに、民間金融機関が賄いきれぬ分を日銀の追加信用で補塡することで同意の取り付けに成功する[121]。同月二日に一万田は、山崎運輸相、池田蔵相と山縣船主協会会長、民間金融機関代表を交えて協議した。協議の末、一万田日銀総裁がＧＨＱに伝えた案で了承することが決まった[122]。融資比率を変更することができない以上、協調融資を取り付けるうえで民間の負担を緩和する手段を講じる必要があった。運輸省は秋山事務次官が親交のあった長沼弘毅大蔵事務次官を通じて一万田へ働きかけ、日銀の追加信用が実現した[123]。これにより見返資金の比率の問題は解決したものの、民間金融機関側は適格船主決定前に融資確約書を発行することを困難とする立場をとったため、計画建造量以上に事前に融資確約書を発行することは難しかった。このため、民間金融機関自らが海運業者を選定し、その信用度を確認したうえで計画造船に対する融資確約書をつける方式がとられた。第六次計画造船において運輸省は、融資確約書を取得した海運業者を適格船主として事実上追認する形となった。

公募は、一九五〇年一一月一〇日に開始、二〇日に締め切られ、二〇社、二六隻、一七万総トンの申込みがあった。二二日に運輸省は新造船舶建造審査会を開き、申込みをした海運業者をすべて適格として、大蔵省に見返資金を申請した。「金融機関が海運政策を左右する」と評されたように、民間金融機関が業者選定の主導権を握ったことで建造量が事前に抑制され、見返資金の所要資金は四四億円と当初の予定を下回る結果となった[124]。

だが前述した朝鮮戦争の勃発は、軍需を中心に世界の海上荷動き量を急増させることとなり、海運市況はブームを迎えていた。このため政府は一九五一年一月四日の閣議で「緊急船舶増強対策要綱」を決定するとともに、第六次計画造船の追加建造を実施することを決め、運輸省は残っていた見返資金を用いて、貨物船四隻、油槽船二隻の計六隻、五万総トンを計画した。運輸省は、同月一一日に追加建造申込要領を発表し、二〇日に公募を締め切った。応募数は、大型貨物船九社、九隻、六万三〇〇〇総トン、中型貨物船五社、五隻、二万四〇〇〇総トン、油槽船五社、五隻、六万一〇〇〇総トンの計一九社、一九隻、一四万八〇〇〇総トンとなった。この間、第五次造船の工事遅延によって生じた年度内に使用できない見返資金三億円を流用することにより、貨物船三隻の追加建造を決定した[125]。

追加建造に関する適格船主の選考では、新造船船建造審査会が総司令部の委員会廃止の意向により廃止されたため、運輸省は直接担当者以外の中立委員による聴聞会を開き、審査結果を省議に諮った。一月二九日付の運輸省の「建造船主詮衡」によれば、実際の海運業者の選考は、オペレーター優先の意向が明らかであった[126]。オーナーはオペレーターと同格である場合に認めるべきであるとしており、オペレーター優先の方針が前提とされていたからである。船隊整備においても、定期船および複数の船舶を所有する業者を優先する意見が示されていた。この意見に該当するのは、大手海運会社となる。それゆえオペレーターと定期船を優先とする運輸省の意向は、この段階で示されていたといえる。かくして聴聞会での選考の結果、九社、九隻、七万二〇〇〇総トンを適格船主として大蔵省に見返資金を申請し、追加建造分はＧＨＱからすべて融資の決定をみた[127]。

第六次追加分と並行して運輸省は、第七次計画造船の作業を進めていた。建造量は、「緊急船舶増強対策要綱」に基づき、四〇万総トンの建造予定とした。一九五一年二月二日、運輸省は、浅尾新甫日本郵船社長、俣野健輔飯野海運社長らを招き、第七次計画造船について前期で二〇万総トンの建造を予定していることを伝えている。[128] 二月二〇日には、一九五一年度の海運関係見返資金運用計画について、第七次新造船を含む新規・継続工事合わせた一八四億円が大要として閣議決定された。[129] これに対してGHQが承認したのは一一五億円であり、不足分は改めて増額申請することとなった。同時に、年度内の早期竣工をするため、運輸省は見返資金の決定と並行して二月中に公募を開始した。

公募は三月三日に締め切られ、貨物船三七社、四九隻、三二万九〇〇〇総トン、油槽船二社、二隻、二万四〇〇〇総トンの申込みがあった。業者選定は、前回と同様に聴聞会によって進めた。選定の経過は、運輸省の「第七次新造船計画詮衡経過」によれば、第六次追加分と同様、大手海運会社を優先する主張がなされている。[130] 他方で、造船所の選定はどうであったのか。海運との違いとして、地域的状況を考慮するべきという点が加えられていた。聴聞会の造船所に対する見解は、以下のとおりであった。[131]

造船所に関する三点〔建造能力や地域的事情などを考慮する点のこと〕も何れも尤な事柄であるが、之も文字通りその儘を詮衡方針とすることは困難で、実際は矢張り中庸にありと云うべきであろう。更に船主側の事情と造船所側の事情は之を咬み合せて見る可きであるから、事態は益々複雑となる。この咬み合せ割合は、事柄の本質から見ても更には外国船の注文引合も相当ある点から見ても船主側が主、造船所側は従と見る可きであろう。

この見解で興味深いのは、計画造船の優先対象を船主側にあるべきと確認している点である。計画造船を実施するにあたり、どちらの事情を優先するのかという疑問に対して、聴聞会の見解は一定の結論を出したものといえる。かくして聴聞会は議論を通じて、以下のごとく選考基準を設けて審査した。[132]

一、見返資金の恩典は、現在の事業較差を成る可く著るしく変更しないようになるべく広く船主に均てんせしめることとする。之が為事業規模に比して従来国家資金の恩典が他に比して多きに過ぎると認めらるものは次順位とし、又今日迄に一回も国家資金の恩恵に浴していないもの或は前回、前々回国家資金の都合で選に漏れたものは今回或る可く之を優先することとする。

（以下、省略）

この基準は、見返資金を海運業者間で公平に割り当てをするように読み取れる。しかしながら、海運業者の事業格差を変更しない、事業規模に比べて国家資金の割り当てが多すぎるものの優先順位を低くするなど、大手海運会社への重点配分を可能にするものとなっていた。それゆえ運輸省の意向は、やはり大手海運会社への重点割当にあったといえる。

審査の結果、貨物船二二社、二六隻、一七万九〇〇〇総トン、油槽船二社、二隻、二万四〇〇〇総

トンの合計二四社、二八隻、二〇万三〇〇〇総トンを適格船主として決定、三月二七日に大蔵省に見返資金を申請し、全額融資がＧＨＱから許可された。残りの二〇万総トンの建造計画は、見返資金の見通しがつき次第、実施されることになった[133]。

運輸省は、残りの二〇万総トンの建造に向けて、策定準備を進めた。当時の朝鮮戦争による特需ブームは、海運市況を活性化させていたものの、同時に船価の高騰を招いていた。これに対し運輸省は、一九五〇年八月に造船業合理化審議会を設置して、造船業の合理化を含めた技術的な側面から船価の抑制の検討を続けていた[134]。しかしながら、造船用鋼材価格は第六次計画造船当時一トンあたり三万三〇〇〇円から第七次前期において五万円へと値上がりしており、それに伴い船価も一総トンあたり第六次の八万四四〇〇円から第七次前期において一一万五〇〇〇円へと値上がりしており、船価の抑制が喫緊の課題となっていた[135]。民間金融機関側も資金事情が逼迫しており、第七次後期において船価の半分以上を民間金融機関側で調達することは困難であるとして、見返資金の増額を要望していた[136]。第七次後期の見返資金融資は、これらを反映する形で決定された。一九五一年一一月九日の閣議で第七次後期の見返資金融資総額は三五億円、建造量一五万総トンとし、融資割合を一総トンあたり五万円と決定した[137]。

ところが当時の基準船価は一総トンあたり一四万円であり、これに比べて低すぎるとして民間金融機関側から反対の声があがった[138]。民間金融機関側は、船価の八割を見返資金から要望していたため、この決定では負担が大きくなるためである[139]。民間金融機関側の反対意見は強く[140]、一一月一六日に一万田日銀総裁と池田蔵相が会談し、建造量一五万総トンを確保できなくてもやむをえないとした。[141]これに対して運輸省海運局は一五万総トンの確保を主張しており、その実現に向けて岡田修一海運局長は、佐藤栄作郵政相を通じて政府や自由党に対して働きかけていった。[142]この働きかけが功を奏し、一二月四日の閣議では一五万総トンにすることが再度確認された。

だが、一二月五日に一万田日銀総裁は、山崎運輸相に対して民間金融機関側が一五万総トンで応じることは困難であるとして、一五万総トン案に反対を示したのである。[143]一万田日銀総裁と民間金融機関の反対意見は強く、このままでは計画造船の実施が困難であった。このため、山崎運輸相は融資割合を一総トンあたり七万円に引き上げ、民間金融機関側が主張していた建造量一〇万総トンに減少する案を提示した。同時に、残りの五万総トンを翌年の一月から三月中に実施するよう努力する旨を附帯条件として加えることとした。[144]山崎運輸相の案をもとに油槽船の建造量を減らし、その分を貨物船に回して約一二万総トンとする方針が一二月一一日に閣議決定された。[145]

適格船主の選考は、聴聞会の方式が審査の客観性に欠けるのではないかと批判されたため廃止となり、新たな方法で審査する必要が生じた。この場として、一九五一年六月に運輸省設置法の改正に伴い、法的な設置根拠を得た造船業合理化審議会が活用された。同審議会は計画造船に対する各省の理解を得る目的から設置されたことから、[146]審査の客観性を担保すると同時に各省の合意を得る場として期待された。会長は経済団体連合会会長の石川一郎が務めた。事務は船舶局が担当し、船舶局長の甘利昂一が臨席、岡田修一海運局長、土屋研一監督課長らがたびたび説明要員として出席する形で審議された。

八月二〇日に審議会では、「見返資金の援助による新造船の船主及び造船所の選定に関する基本方針如何」が諮問された。これを受けて、二七日に第一回審議会が開かれた。審議会の議論を検討するうえで興味深い点は、運輸省から過去の海運業者の選考方法に対して、概要と問題点を整理した資料が作成されたことである。「従来の新造船主決定の経緯について」と記された資料は、過去二回の計画造船の業者の選考に対して、「決定をするものは人間であるから所謂「運動」は全く無視することはできず、当落線上の関係者については「「運動」の影響を与えていないとは断言できない」としていた。[147]加えて、現状の選考方法では「運動」が「熾烈になる弊害がないとは断言できない」としており、[148]運輸省の審議会による「運動」の排除を試みようする姿勢が窺える。運輸省にとって「運動」の存在は、無視しえないものとなっていたのである。

しかしながら、審議会では、選定の方針より見返資金の問題が重要であるというやり取りが交わされた。[149]審議会に参加している海運関係の委員からすれば、見返資金の動向次第で民間金融機関側の態度が決定するため、それこそが海運業者の建造意欲を左右する重大な争点であった。なぜなら見返資金の枠が減少することは、民間金融機関側の資金融資の負担の増加につながるからである。この問題は小委員会において引き続き検討されることになった。九月八日、小委員会において、まず土屋監督課長は、計画の現状について次のように説明した。[150]

七次後期二十万屯八次前期二十万屯八次後期二十万屯の計画に就いては是認されて居りますが資金の供給面からみて見返資金の量と市中の融資能力をぬきにしては考へられない以上この計画が実現可能かどうか疑問視されて居る現状であります。

次いで加藤五一委員から船価についての説明が続き、運輸省が提示していた船価が安いという批判もなされた。これに対して委員長から値段の相違を議論する提案がなされたものの、秋山龍は「造工と政府がネゴシエートするのは取引になる様でおかしい様な気がする」と消極的であった。結局、船価については運輸省と造船工業会との間で価格の説明が続けられ、第二回小委員会において運輸省の提示した額は第七次計画造船の平均船価として扱うことに落ち着いた。また、第一回小委員会のなかでは、見返資金に代わる資金として開銀の融資が検討された。[151] 見返資金による融資の後を見据えていたことは、注目すべき点である。なぜなら、占領の終結が間近に迫ってきており、遅かれ早かれ見返資金が終了されることは予想されたからである。船舶拡充のための新たな資金源の確保は、重要な検討対象となりつつあった。

かくして審議は続けられ、一一月二二日に答申書は提出された。業者選定の基準は、船主側の事情を主とすること、オーナーよりオペレーターを優先すること、見返資金の均霑主義はとらないが同一条件の場合に第七次前期に漏れたものを優先するとされた。[152] 基本的な点は第七次前期とほぼ同じであった。公募は見返資金の融資枠が決定する前であった一一月二六日に締め切られ、答申に基づく審査の結果、一二月二三日に貨物船一二社、一三隻、九万九〇〇〇総トン、油槽船一社、一隻、一万八〇〇〇総トン、前述した追加努力に基づいて貨物船四社、四隻、二万八〇〇〇総トン、油槽船二社、二隻、二万四〇〇〇総トンが決定した[153]。

第七次後期が船主の決定まで決着したのに続いて、海議連でも占領終結を見越して組織が改称された。一九五二年一月一六日に開かれた理事会では、加藤武徳（参議院自由党）から、海運議員連盟から海運造船議員連盟への改称の提案があった。加藤によれば、「我が国海運の発展の為には、更に優秀な外航船の新造を必要として居るにも拘らず資金関係より意の如き船腹拡充が出来ず造船業を始め海運関連産業全般の深刻な悩みとなつて居る。茲に於いて現下の要請を考慮し造船問題に対する本連盟の態度を更に明確にする為此の際海運造船議員連盟に改称してはどうか」という提案であった[154]。加藤の発言は、海議連が海運の見地からのみならず、造船に関与することを明確に表明するものといえる。この提案に対して、理事会では異議が出ず、手続きを含めた具体的な検討が進められることになった。一月二五日には、改称に向けた総会の準備のために事務局で打ち合わせをし、総会の日時、議事進行、運動方針決議文などの事務分担が決定された[155]。

二月一二日に首相官邸で総会が開かれ、村上義一運輸相や連盟所属議員が出席し、星島二郎理事長のもと改称が決定された[156]。新たな海議連において造船（特に外航船）の促進が明確に表明されていることは、運動方針や決議項目の順序に明瞭に表れている。運動方針の項目では、各国との通商航海条約の締結や内航船対策より第一に、「経済自立のための食糧、基礎産業用原材料及び重要物質の確保並びに貿易の伸長、貿易外収支として講和後我が海運に課せられる此等の諸要請を考慮し、外航船の新造を主とする急速な船腹増強を図るため、海事金融制度並びに資本蓄積を可能ならしめる諸制度の確立等適切な諸方策を講ずるよう推進する」とした[157]。決議項目においても、第一の項目として、第七次後期追加分の即時起工の実現、第二の項目として、一九五二年度の新造船の三五万総トン以上の建造資金の確保と続き、通商航海条約の締結は三番目であった[158]。以上の方針や決議項目からも海議連の改称は、占領終結に向けて外航船の建造促進の立場を明確に表明するものであった。このことは、船主の決定や海事金融制度といった、海議連の計画造船の「ネットワーク」へのさらなる積極的な介入を予期させるものであったといえる。

(4) 見返資金方式の政策過程の特徴——計画造船の手続的制度化と「運動」の過熱化

ここまで確認してきた第五次から第七次計画造船までの船腹拡充は、日本が占領下にあるなかで実施されてきたものであった。続く第八次計画造船では、前年のサンフランシスコ講和条約の締結により占領が終わり、独立によって外航航路への制約がなくなるため、本格的な海運の国際競争に晒されることが想定された[159]。これに備えるべく運輸省は、一九五二年三月に策定した「外航船腹拡充三カ年計画」のなかで、貨物船毎年二五万総トン、油槽船毎年一〇万総トンの三五万総トンの新造を船腹拡充の目標に据えた。しかしながら、第八次を実施するうえで建造計画に対する見返資金は予算上一四〇億円とされ、前年度継続費五一億円を除けば、新規は八九億円に過ぎなかった。運輸省は、第八次計画造船では貨物船に比べ採算の良かった油槽船を見送り、見返資金を契約船価の四割とし、拡充計画初年度にあたる一九五二年は、貨物船一八万総トンを建造目標として変更せざるをえなかったのである。[160]

四月九日、適格船主の基準と審査・決定方法に関して、造船業合理化審議会に「昭和二十七年度新造船の船主詮衡方法及び基準如何」が諮問された。同日に開かれた委員会では、オペレーター・オーナーの割当機会の均等や船主側の事情を主とすることへの反対が意見として出された。[161]また翌日の小委員会では、岡田海運局長から従来の選考の決定方法は「運輸省の独善の非難がある」として、新たな審査・決定方法の検討が要望された。岡田のいう「運輸省の独善の非難がある」とは、従来の審査会や聴聞会も含めた海運業者の決定が運輸省の裁量によって決められているとする、選考に漏れた海運業者の一部の不満を想定していると考えられる。これについて、田中卯三郎委員は貨物船に関して選考委員会設置を提案した。しかし、一井保造委員からは委員会を設置しても結局不満が残ること、丹羽周夫委員からも委員の人選が難しいことが指摘され、引き続き検討対象とされた。[162]四月三〇日に開かれた小委員会では、反対意見がありつつも、岡田海運局長は運輸省中心の選考を避けるためにも審査・決定の場として諮問委員会程度のものを置きたいと引き続き希望した。[163]これに対し、銀行側は置く必要はないと反対した。岡田は「当局としては委員会があれば無理な決定はできないからよい」と説明して押し切り、審査する場として「結局諮問委員会程度のものは置くことは止むを得ないとの結論」に落ち着いた。[164]なお小委員会は、今回で見返資金が最後になることから第五次以降で選定に漏れた海運業者を優先的に考慮することも決定している。以上のように選定の基準と決定方法を検討してきた審議会は、五月一日に答申書を提出した。

基準と決定方法が示されると時を同じくして、海運業者の公募が開始された。公募は五月一六日に締め切られ、貨物船三九社、四一隻、二九万九〇〇〇総トンの申込みがあった。二九日に答申書に基づき設置された船主選考諮問審査会が、海運業者の経営能力、建造船舶の運航計画の必要度、発注先造船所の状況といった答申の基準により審査した。結果、二九社、二九隻、一九万九〇〇〇総トンを適格船主として決定し、六月下旬に大蔵省に見返資金を申請した(165)。ここに見返資金方式の最後となる第八次計画造船が実施されることとなった。

拡充計画初年度から目標建造量が下回ったことから運輸省は、前述した「外航船腹拡充三カ年計画」を修正し、八月一三日に一九五三年度からの四年間を対象とする「外航船腹拡充四カ年計画」の試案を公表した(166)。この計画は、貨物船と油槽船合わせて毎年三〇万総トン建造による一二〇万総トンの建造を通して、外航船舶を三四〇万総トンまで拡充する計画であり、船舶保有量四〇〇万総トンを目指すものであった。さらに、この計画は開銀による財政資金の活用、融資比率を貨物船七割と見込んでいた。「外航船舶拡充四カ年計画」は、依然として強気な建造目標であったとはいえ、運輸省による日本の独立以降の計画造船の方針を表明するものとなっていたといえよう。

以上の見返資金に基づく計画造船の過程の特徴は、次のように整理できる。第一にこの時期の計画造船は、引き続き占領政策の動向に影響を受けていた。ドッジ・ラインによる復金融資の停止は計画造船の存続そのものを危うくさせたが、同時期に設置された見返資金を活用することで計画造船を続けていくことは可能となった。しかしながら、見返資金による計画にＧＨＱの承認を必要とする以上、ＧＨＱ側の意向次第で計画造船の建造量は大きく変更される可能性があった[167]。例えば、第六次において実施が難航したのは、ＧＨＱが見返資金の融資比率の引き上げを容認しなかったためである。ＧＨＱが見返資金の融資比率の引き上げを容認しなかったのは、補助金的性格が強くなるためであり、復金の二の舞を避けるためであったと考えられる。見返資金の融資比率は五割を超えることはなかったのである。

第二の特徴は、計画造船の目的が内航船舶から外航船舶へ変化したことであった。内航船舶の拡充策は内航船腹量の圧迫を生み出し、海運業界の経営状態は芳しいものではなかった。これを解消したいとする海運業者とりわけ大手海運会社の外航への機運は、ＧＨＱの外航船建造の規制解除と民営還元に伴って、海運業界の建造意欲を刺激した[168]。結果、船主の申込みはたびたび予定建造目標を超えて、当選するかどうかは海運業者側の死活問題となった。一九五〇年代前半の計画造船に対する有吉義弥の指摘は、こうした状況を次のように示している[169]。

冷静な商売上の判断がなくなる。皆興奮してくるわけです。なかには、どんな損をしてもいいから、今年はどうしても取っちゃえという悲壮なムードになるものもいる。大の大人が、通ったといっては泣き、落ちたといっては泣く。それぐらいの騒ぎになっているものだから、冷静な、これだけの船価ならつくろう、これ以上の船価なら損だからやめようという判断の歯止めがなくなったりする。

このため、海運業者側の当選に向けた「運動」は激しさを増し、落選の海運業者は不満を残すこととなった[170]。同時に政治家の関与を伴う「運動」の激化は、顕在化した場合、計画造船の有様に対して非難の可能性が高まることを意味した。

第三に、計画造船への非難を回避すべく、適格船主の基準や決定について多様な試みが検討されたことであった。第四次までも入札や抽選、造船所の事前指定などが試みられていたが、第五次以降は、聴聞会や造船業合理化審議会、船主選考諮問審査会のように新たな組織を設置して審査基準や具体的な審査・決定を試みた。内部組織である聴聞会から審議会や諮問審査会のような民間人を加えた組織へと審査・決定の場を移そうとしたのは、運輸省による決定の独断性という非難を回避するためであった。同時に、海運業者からの「運動」を排除したい表れでもあった。前述の「従来の新造船主決定の経緯について」にみられる、過去の計画造船に対する「運動」への言及はその姿勢を示すものといえよう。「運動」に対する運輸省の戦略的対応は、審査と決定に関わる組織を複数化することで非難に対処する点において、第1章で述べた「非難回避」の戦略のうち機関戦略の「協働」を示すものであり、政策・業務戦略の「群衆行動」を示すものともいえる。とりわけ、この時期に事務次官であった秋山龍は、運輸省が決定を主導することについて、「役人の意見の決定によって事情の拡張ができたりできなかったりすることは避くべきで、経済行為に役人が干渉するのは好ましくない」と考えていた。[171]秋山は、役人の意見だけの問題点として次のようにいう。[172]

役人の意見だけで、きめるとなると、権利が大きいだけに、疑獄がおきない保証もありません。一日も早くこんな仕事は役人から引き離して、民間取引だけできまるようにするべきだと痛感したものでした。こうなりますと船主は外部殊に政界方面への働らきかけに精を出すようになり、その結果は憂慮すべき事態を招くのではないかと心配でなりませんでした。

秋山の発言は、「非難回避」への意識を示すものといえる。同時に、秋山は試みてきた方法について、「私は政府の意思の見えぬ方法、特に役人の意見できまらぬ方法ということで、委員会委員の投票、抽せん、自己資金調達額の競争入札など毎回異なった方法をとりましたが、これも段々智恵がなくなって結局お役人の樹ててくる理屈で決める外なくなりました」とその難しさも指摘する。[173]

こうした模索を経て、第七次後半から審議会に選定基準の諮問をかけ、その決定に沿って審査するかたちが定着した。この頃には選定基準は毎年ほぼ変わらない状態となった。[174]選定基準を答申する審議会は、定期船とオペレーターを重視するという運輸省の大手海運会社優先の意向に正当性を与える場であった。それゆえ、運輸省は、計画造船を継続させていくうえで手続的制度化にはひとまず成功したといえる。

だが、選定の基準を設けたとしても最終的に運輸省が決定する以上、「運動」の余地、すなわち「議員・政党の介入」の余地が消えるわけではなかった。計画造船の仕組みは、非難の可能性を抱え込んだまま続けられることを意味していたのである。

第四に復金方式と大きく異なるのは、新たに結成された超党派の議員連盟である海議連の存在であった。海議連は結成されるやいなや、精力的に介入行動を開始した。具体的には、見返資金の金利の低減の要望や、海事金庫の設立の検討など、時に首相や閣僚に要望書を提出し、議会に決議文を提出した。加えて、海議連は海運議員連盟から海運造船議員連盟に改称することで、船舶建造の重視を鮮明にした。こうして海議連は、計画造船の「ネットワーク」に対して積極的な介入活動を続け、「政治化」が進行したといえる。

何より第六次や第七次後期のように、計画造船の実施が不確実となるごとに、政治的な解決が重要性をもった。海運業者の決定の段階だけではなく、計画造船を開始する段階でも「議員・政党の介入」が生じていた。計画造船に生じた不確実性に対処する、官界、業界、政界をつなぐ「ネットワーク」がその解決に向けた役割を果たしたのである。このことは、計画造船が「運動」の孕む非難の可能性を抱えつつも、その継続のために政治的な対応を必要としていたことを意味していた。

最後に、見返資金方式の計画造船において運輸省の明確な建造方針がみられたことである。資金融資を負担する民間金融機関側の協調融資の取り付けを必要とする分、見返資金方式の計画造船は、その実施の見通しに対する不確実性が格段に増加した。しかしながら、計画造船の基準をみると、オペレーターと定期船重視を打ち出すことで、大手海運会社優先とする運輸省の意向は、回を重ねごとに明確になっていった。実際の割り当てにおいても日本郵船、大阪商船、三井船舶の大手海運会社は、概ね二隻ずつ割り当てられ、第七次は前期と後期の二回に分けられたため、三隻から四隻を割り当てられた。山下汽船や川崎汽船、飯野海運といった一部の海運会社を除けば、他の海運会社が二隻を割り当てられることはなかった。これは、「総花主義」と批判される計画造船において、運輸省に明確な方針があったことを意味すると考えられる。

かくして見返資金方式の下で計画造船は、手続的制度化の実現と「運動」の過熱化に直面した。日本の独立とともに見返資金が終了するにあたり、運輸省は再び新たな建造資金の調達に迫られていく。また独立に伴う海運の国際競争の本格化は、海運業界にさらなる助成の必要性を惹起させた。こうした背景をもとに、「議員・政党の介入」の顕著な例となった海運への助成制度の検討が進められていくのである。

小括

本章は、占領期の計画造船の政策過程を明らかにしてきた。この時期の計画造船が直面した課題は、GHQの占領方針や資金源の制約に直面しつつ、いかに継続して船舶を建造していくのかにあった。また、様々な選定方法が試みられたように、計画造船に応募する海運会社が納得しうる選定結果をいかにして実現するのかも課題となっていた。運輸省は、計画造船の実施を繰り返していくなかで、その政策の安定した継続を模索していったといえよう。

確かに見返資金方式における審議会を活用した手続的制度化の実現は、民間金融機関の融資姿勢に左右される要素が大きくなっていたとはいえ、少なくとも計画造船のルーティン的な実施過程の確立に寄与した。しかしながら、選定結果に対する海運業界の満足感は高まることはなく、むしろ不満のほうが高まっていったといえる。計画造船は「総花主義」と批判されながらも、運輸省は大手海運会社に一定程度の重点的な割り当てをしていたが、なおも大手海運会社は割り当てが少ないと認識していたのである。逆に中小海運会社は、さらに少なくなる範囲内での割り当てを目指すことになるため、結果として「運動」が過熱化する要因となる。

こうした状況下で結成されて間もない海議連が、計画造船を含めた海運政策に対して精力的な介入行動を開始していった。海議連を中心とした「議員・政党の介入」は、一方で未だ不安定な計画造船を継続させる推進力となっていったが、他方で「運動」の孕む非難の可能性を拡大させるものでもあった。ひとたび非難に直面する事態が生じれば、運輸省はなぜ海運業が政策的に優遇されるのかという批判に晒されかねない。換言すれば、運輸省の「政策継続戦略」にとって、「非難回避」に向けた戦略的対応の重要性はより切実さを増すものとなったといえよう。このことは、占領終結によって流動化する政治・行政状況において早くも顕在化することになるのである。

第3章

一九五〇年代の計画造船
——政策の動揺と制度的定着

第一節　海運補助制度の実現と「議員・政党の介入」

(1)　日本開発銀行の設立と海事金融機関の構想

前章で言及した計画造船の資金たる見返資金は、日本の独立により終了することになった。見返資金に代わって、計画造船の資金に日本開発銀行の融資を活用することが検討された。本章は、この開銀方式による計画造船がいかに行われ、どのような一つの帰結を迎えたのかを明らかにする。具体的な計画造船の政策過程の分析に入る前に、開銀方式の前提となる開銀が海運をどのような融資対象としていたのか、また同時期にいかなる海運補助制度が構想され、実現したのかを確認しておくことにしたい。

占領終結直前である一九五〇年に勃発した朝鮮戦争による特需ブームは、企業の資金需要を急激に拡大させた。特に設備資金に対する需要が本格化し、民間金融機関のオーバー・ローンを生じさせることになった。このため、新規融資が停止している復金に代わる長期的な設備資金供給の体制整備が求められていく。[1]一九五〇年一〇月に再来日したドッジが政府資金による設備資金供給に対して好意的な反応を示したことで、長期金融機関の構想は現実味を帯びた。この間、復金理事長の工藤昭四郎は復金のような金融機関は引き続き必要であると考えており、GHQ側に対して復金存続を働きかけていた。[2]これらの動きが開銀設立の底流となる。

ドッジは離日直前の一二月三日に「復金の改組について」の覚書を経済科学局に残し、復金を改組して「日本開発公社」(Japan Development Corporation)のような組織を設立することに言及した。[3]大蔵省は覚書をもとに「日本開発銀行法」の原案を作成し、一九五一年一月一一日に池田勇人蔵相により法案が検討中であることが公表された。原案は、資本金を一〇〇億円とする全額政府出資機関とすること、融資方針は民間銀行の長期融資の肩替りに重点をおくが新規融資も同時にすること、復金は解散し、新銀行に合併されることとした。[4]この原案をもとにGHQ側と交渉を重ねていくうち、三月一一日までにGHQ側は、債権発行や借入金を認めると予算編成上のコントロールが難しく、総合的な資金需給の面からインフレ要因になる可能性があるため反対であること、融資方針はリファイナンスだけに限るのが望ましいといったことを明らかにした。[5]こうした意向は、復金融資がインフレを助長したことや融資自体が政治性を帯びたことへの警戒と考えられる。これを受けて、三月一三日の閣議では新規融資を可能にすること、資金枠を増やすこと、債券発行を認めさせることを確認した。この方針に沿ってGHQ側と会談を続け、資本金は一〇〇億円とし、全額見返資金から出資すること、復金の債券債務は開銀が引き継ぎ、組織も吸収すること、新規融資を可能とすることで原則的了解が得られたのである(6)。

こうした交渉過程を得て決定された「日本開発銀行法案」は、三月二七日に国会に提出され、三一日に公布施行された。成立後、四月三日に政府は小林中(富国生命社長)、工藤昭四郎、長沼弘毅(大蔵事務次官)、山本高行、山添利作(農林事務次官)、秋山龍、福島正雄(安本副長官)、舟山正吉(大蔵省銀行局長)を、五日に太田利三郎(日銀理事)を開銀設立委員として任命した。二〇日には、小林中が総裁、太田利三郎が副総裁に任命された。事務局の人員は日銀や興銀、勧銀から援助を求め、ついに開銀は五月一五日に開業したのである(7)。

復金を継承した開銀は、重点融資対象もほぼ同じであった。電力、海運、鉄鋼、石炭の基礎産業部門は引き続き重点融資対象とされたが、特に電力と海運への融資は増大した。例えば、一九五二年度の貸付額の総額四二七億円のうち、電力一四七億円、海運五七億円、鉄鋼五七億円であった。一九五三年度は、総額八三一億円のうち、電力四三九億円、海運二一四億円、鉄鋼三九億円であり、電力と海運に融資は集中していた(8)。この二つは政府資金依存率も高くなっており、一九五三年度では全産業が三三・七%に対して、電力四八・一%、海運五一・七%と、実に半分近く政府資金に依存していることとがわかる。[9]

また電力と海運は貸付金利でも優遇されていた。開銀の基準金利は一〇%と民間金利（興銀の一九五二年における平均金利一一・六%）に近い利率を採用した。小林中総裁は、開銀の融資は補助金ではないから利息を低減する必要はないとして、特別金利の適用に否定的だった。[10]このため特別金利の適用は、国家の助成策が確立している産業についてのみに適用すると限定された。具体的に電力と海運は、助成策が進められていることや開銀融資の比重が高いことから特別金利を適用し、一九五二年一〇月に七・五%、一九五四年二月に六・五%に引き下げられている。[11]加えて、貸付期限も電力と海運のみが一五年以上とされ、開銀融資における海運の優遇が確認できる。

確かに開銀の海運への重点融資は、復金時代からの継続的な傾向であった。ただ、この時期に検討されていた海運の補助政策の動向に触発されていた面を否定することはできない。なぜなら、検討されていた海運補助政策の一つは海事金融機関の設立であり、[12]独立した長期的な融資機関設立の要望は、戦前から模索され続けた構想だったからである。[13]復金融資の停止による長期的な融資機関の設立の動きは、海事金融機関の設立の機運を高めることにつながった。[14]

運輸省の海事金融機関に対する考え方は、運輸省船舶局監理課長であった今井栄文の論文を見ることで窺い知ることができる。今井は、第六次計画造船の建造資金問題が困難であったことを挙げ、低利率による船舶金融のための海事金融機関の必要性を説いた。[15]今井によればこの主な理由は、三点であった。第一に、船舶金融が普通金融機関の融資対象として歓迎されていないため、巨額の資金に対する財政的措置が必要とされること。第二に、日本の海運業が戦争によって蓄積資本の大部分を喪失したため、新造船建造の大きな部分を賄うことができないこと。第三に、日本経済の自立化のために、自国商船隊の建造と拡充が必要であることが挙げられている。これらの理由から、「切実に問題となるのは既に船舶公団も解散した今日、見返資金の活用が廃止された暁に於ける海事金融機構がどのような形で生れるかということであるが、船腹拡充に要する資金が膨大である点から、その設置に関する要望は今日に於いても既に深刻なものがある」とした。[16]

実際に運輸省は、一九五一年一月六日に船舶金融の円滑を図るためとして資本金一〇〇億円の「海事金融金庫設立要綱」を発表した。しかしながら、各担当省庁中心に特定産業ごとの金融機関設立が進められることに大蔵省は反対であり、開銀設立がすでに進められていたことから結局進展することはなかった。[17] 海事金融金庫案がその後進展しなかったことから、この段階では運輸省にとって、海事金融機関の設立構想は、実現が望ましいものの、実質的には開銀の重点融資や他の補助制度の実現の可能性を探る試金石程度にとどまるものだったといえる。

(2) 海運復興会社案の構想と利子補給制度の実現

運輸省の海事金融機関の設立構想を受けて、海運業界側もその実現に向け積極的に働きかけを行っていった。海運業界は低利・長期融資の海事金融機関を要望するとともに、これに先立ち開銀の海運融資の低利・長期での貸し付けの実施とその拡充を求めた。[18] 開銀については、専門部局の設置さえ要望している。[19]こうした要望の理由も、海運会社の戦時補償の打ち切りによる資本の喪失、民間金融機関による融資に期待できないなど、前述の今井の議論と同様であった。[20]また日本船主協会は、他国との海運競争を引き合いにこうした要望を海運議員連盟に働きかけている。[21]それゆえ、海運補助政策の実現をめぐって「議員・政党の介入」行動は、次第に顕著なものとなっていくのである。

運輸省も低利かつ長期の建造資金供給の方策を引き続き検討した。こうした検討を経て、運輸省は、「船舶建造融資利子補給損失補償制度要綱」や「海運復興株式会社法案要綱」といった具体的な案を、一九五二年六月の海議連の海事助成対策小委員会において提示した。「船舶建造融資利子補給損失補償制度要綱」は、「政府は、海運企業に対し船舶の建造、改造又は買取に要する資金を融通する金融機関と、当該融資につき利子を補給し、且つ当該金融機関が当該融資をすることによって受けた損失を補償する旨の契約を締結することができるもの」とした。[22]利子補給の数字の限度は示されてはいないものの、融資額の三〇%を限度として損失補償することとは記されている。また「海運復興株式会社法案要綱」については、単独または海運会社と共同して船舶を整備し、海運の健全な発展を目的とする株式会社とされ、株式は政府と海運会社が保有すること、役員は株主総会の決議により推薦されたもののうちから内閣が任命するという点が示された。[23]運輸省から会社の資本金は、当初政府が九九%を出資し、漸次割合を減少させ、政府と海運会社の出資が折半となるようにすること、船舶共有出資の割合は社債四〇%、財政資金二〇%、海運業者四〇%で、海運業者の出資に対して利子補給と損失補償を適用することが説明された。[24]この要綱は、従来の金融機関を活用する方式ではなく、新しい機関として官民共同出資の株式会社をつくる点に特色がある。[25]

運輸省が提示する海運復興会社案に対して、復興会社が「ボス的」となりやすく将来的に海運会社に悪影響を及ぼすという反対意見も見られたが、海議連はこの案を支持した。[26] 一九五二年七月二三日の理事会で海議連は、海運の復興促進についての要望書の草案を作成した。このなかで海議連は独自の新会社案を提示し、その性格を「電源開発促進法に規定する電源開発株式会社に準ずる組織及び資本構成を有する国家的色彩の濃い特別の会社を設け、この会社と海運業者とが協同して船舶を整備する制度の下に船舶拡充を促進する」とした。[27] この新会社の負担分はできるだけ多く（少なくとも六割以上）するとし、その所要資金は財政資金の援助をまつとともに社債の発行によるものとされた。また、建造した船舶は新会社と海運業者の共有であり、海運業者の所要資金は、民間金融機関からの融資を円滑にするため損失補償と利子補給を活用するとした。総じて新会社案は、運輸省の海運復興会社案と歩調を合わせたものとなっていた。注目すべきは、新会社案と損失補償、利子補給が連動していた点である。

しかしながら、要望書が確定する段階では、新会社案は大幅に後退した。七月二八日に理事会で決定された要望書の外航船腹拡充の箇所は、以下のとおりであった。[28]

（一）わが国の外航船腹保有量は国民生活を向上し、且つこれを長期的安定的に保障するためになお極めて不足であることは明らかであつて、更に最小限度一二〇万総屯の拡充を速やかに実施すべきである。

（二）右所要資金確保の為左記措置が絶対必要である。

（1）開発銀行を通じ今後五ヶ年間少くとも年間二六〇億円（新造所要資金の七割）程度の財政資金を確保する。

（2）長期信用銀行の資金量を資金運用部資金の活用を計って極力潤沢ならしめると共に同行の海運への長期融資を促進する。

（3）損失補償及び利子補給制度を復活し市中金融機関の長期低利融資を助成する。

（4）船主の自己資金造成を促進するため、船舶建造留保金制度を創設する。

（5）船舶建造のための特別なる社債又は金融債（その引受者に対し税法上の特典を与える）の発行を認める措置を講ずる。

（6）要すれば船主と共同して外航船舶を整備することを目的とする特殊会社を設置し、その資金については之に財政資金の援助を与えると共に前号と同様特別な社債発行を認める。

新会社案は、六項目目に置かれ、「要すれば」と優先順位が低下していることが窺える。この案が後退したのは、船主協会側が消極的な姿勢を示したためと考えられる。船主協会は新会社案の実現が困難であることに加えて、現下の課題として民間金融機関や開銀の金利低下の実現にある以上、こちらの早急な対策を望んだ[29]。結果、新会社案はこれ以降具体化することはなかったのである。

代わりに具体化したのは、新会社案と連動していたはずの金利の低下を目的とする利子補給制度および損失補償制度であった[30]。これらの構想が新会社案と切り離されて具体化したのは、新会社案が海事金融金庫案やかつての船舶公団に近い機能を有していたため、大蔵省から反対が予想され、実現するにしても長期化する可能性が高いこと、前述のように海運業界側は民間金融機関や開銀の金利低下の早期実現を望んでいたことから、利子補給制度および損失補償制度の実現を運輸省が優先したためと考えられる。

運輸省は、利子補給制度および損失補償制度の具体化を進め、これらの構想を海運造船合理化審議会も支持した。海運造船合理化審議会は、一九五二年八月六日に造船業合理化審議会を改組して発足した審議会であった。石川一郎を引き続き会長とし、海運業、造船業、鉄鋼業、金融業から労働まで幅広く委員が参加した。この審議会は、一九五二年一一月二一日に答申した「今後の船舶拡充方策」のなかで、民間融資に対する利子補給損失補償制度の実現を要求した[31]。民間融資を強調している点は、金融機関側の意見が反映されたものといえる[32]。

審議会の答申を受けて運輸省は、利子補給損失補償制度についての要綱を作成した。一九五二年一一月二一日の海議連理事会において、「船舶建造融資促進法要綱」が提示された。この法律案は「外航船舶の建造を促進するとともに、海運業の健全な振興を図るため、政府が船舶建造に要する資金の融通について利子補給及び損失補償を行うことを目的とする」とされ、政府が金融機関に補給する利子は、民間金利と年七・五%との差の範囲内で運輸大臣が定める利率で計算すること、損失補償は融資ごとに三〇％を限度とすること、契約の期限は一九五二年度以降五年間と定めた[33]。また、運輸大臣は、利子補給の融資を受けた建造者に対して、必要があると認められるときは利益の配当を制限することを命ずることを可能とした。また理事会では岡田修一海運局長から、損失補償は大蔵省の内諾を得られていないとして、海議連の援助を要望している[34]。

大蔵省は、利子補給については財政資金七・五％より低くならない範囲で是認していたものの、損失補償には反対であった。損失補償は民間金融機関も資金負担を減少させる点から要望していたものの、大蔵省は、他産業との振合いから海運のみに設定することはできない、実施するならば財政資金の融資比率七割を六割にするという意見を示した[35]。大蔵省の反対意見が強いことから、運輸省は利子補給と損失補償を切り離し、一二月九日の閣議で「外航船舶建造融資利子補給法案」を決定して国会に提出した。一七日に衆議院を、二三日に参議院を通過し、翌年一月五日に公布施行された。同法は、政府が金融機関に補給する利子は民間金利と年七・五％との差の範囲内で運輸大臣が定める利率で計算すること、利子補給の年限を契約時会計年度の八カ年以内とすること、利子補給総額は予算額以内とすること、利子補給の契約をするものは貸借対照表およびその他必要書類を運輸大臣に提出することが定められた。この法律に基づく利子補給は、開銀方式の幕開けとなる一九五三年度の第九次計画造船から実施される予定となったのである。

(3) 三党修正案による利子補給制度改正と損失補償制度の成立

利子補給制度は成立したものの、運輸省は引き続き損失補償制度の成立に向けて動いた。岡田修一海運局長は、一九五三年二月六日の海議連理事会で「外航船舶建造融資利子補給及び損失補償法案」を国会提出に向けて準備中であるとし、海議連の援助を改めて要望している[36]。これを受けて海議連は積極的に働きかけを行い、法案を議員立法として提出することとし、各党の支持を得るため各党政調会の意見を聴取することとなった[37]。改進党は海議連理事の河本敏夫を通じて、社会党左派右派も理事の議員を通じてそれぞれ賛意を得た。だが自由党は容易に決まらず、岡田海運局長が説明に赴き、海議連理事長の星島二郎の働きかけによって法案の採択が決定された[38]。

三月に入り、損失補償制度について、海議連理事会で岡田海運局長から運輸省と大蔵省の折衝経過の説明があり、依然として大蔵省が難色を示していることが伝えられたが、星島理事長は政局不安定の折早急な提案を強調し、国会提案に向けて推進することとした[39]。さらに岡田は、法案を対大蔵省関係から政府提案としたいと海議連に了解を求め、協力を要望した[40]。損失補償を加えた外航船舶建造融資利子補給法の改正案は国会に提出されたものの、三月一五日に衆議院が解散されたことにより不成立となった。四月一九日に総選挙が行われ、自由党両派は二三四議席にとどまり、このうち吉田自由党は一九九議席で総議席の四二・七%を占めるに過ぎなかった。このため、五月二一日に成立した第五次吉田茂内閣は政権安定のために多数派工作が不可避の状況となったのである。

第五次吉田内閣が最初に着手しなければならなかったのは、解散のため審議未了となっていた一九五三年度予算の成立であった。吉田内閣は、少数内閣であったため多数派工作が不可欠であり、改進党、鳩山自由党との協調を試みた。予算案と並行して、この間に焦点となった案件は、アメリカのＭＳＡ（相互防衛援助）受け入れの問題である。ＭＳＡとは、アメリカによる同盟国の防衛力増強のための軍事援助・経済援助・技術援助から構成されるものであった。政府や財界は、朝鮮戦争の休戦によって減少する特需を代替するものとしてＭＳＡに期待を寄せた[41]。このため吉田内閣は、ＭＳＡ受け入れをめぐる対米交渉を有利に進めるために政局安定の外形を整える必要があり、改進党と政策調整を迫られた。逆に改進党は、ＭＳＡ問題を利用して予算案の修正を要求することが可能であった。吉田内閣側もＭＳＡ問題で改進党が支持すれば、改進党側が要求する予算案の修正を進める用意があった[42]。こうした政治状況が、自由党と改進党における予算修正の協議のなかで、改進党の修正案を吉田内閣が受け入れざるをえない状況を作り出していたといえる[43]。

予算修正での改進党との協調の必要性は、外航船舶建造融資利子補給法の改正案にも影響を与えた[44]。何より改進党の海運政策は自由党より助成的であった[45]。改進党の海運政策の基本方針は、一九五三年七月七日の海議連理事会に提示された「海運造船政策の確立」によって示された。その方針は、海事公庫を設立して金利を三・五％にすること、利子補給制度の強化について第六次以降の貨物船と第八次以降の油槽船も適用対象とし、海運業者の金利が三・五％になるように七・五％程度の利子補給をすることとした[46]。換言すれば、現行制度よりも一段と踏み込んだものとなっている。結局、一六日の理事会で有田喜一から自由党と改進党の調整経過が説明され、金利の引き下げは財政と民間ともに三・五％になるように引き下げ、対象船舶を貨物船第六次、油槽船第八次まで適用することで妥結したものの、海運のみに七・五％の利子補給をすることに大きな反響が予想されることから、海事公庫案は見送られることになった[47]。

かくして合意された三党修正案の内容は、先の政府案以上に利子補給を強化するものであった[48]。まず民間融資に対する利子補給の差額範囲の基準が、七・五％から五％へとさらに拡大された。次に開銀の利子補給が新たに設けられ、三・五％となるように開銀の貸出融資を五％にし、差の一・五％を利子補給するとした。また、将来海運業者が一定の利率を超える場合、その利益率に応じて利子補給を停止し、すでに受けた利子補給を国庫に返還することとした。利子補給の適用については、貨物船について一九五〇年一二月以降の請負に、油槽船について一九五一年一二月以降の請負の融資に適用されることとし、過去の計画造船に遡って適用することが可能となった。このように三党修正案は、損失補償制度の成立だけでなく利子補給制度も強化するものとなったのである。

以上の状況下で、利子補給法改正案は提案者を議員に変えて再度提出され、政府の改正案を再改正する形式をとった。自由党両派と改進党の三党修正案は、七月二四日衆議院運輸委員会に提案された。運輸委員会は、関谷勝利、岡田五郎が理事を務め、有田喜一や木村俊夫ら海議連所属の議員が委員を構成した。委員会の審議では、有田喜一が提案者として法案の修正内容を説明した。審議では、修正案の経緯や特定産業に対する優遇措置についての質問がされた。有田は、修正案の経緯について、「今回の修正案は、最初改進党が考えておったことと多少はかわっております。しかし考え方は少しもかわっていない。この低金利の一つの施策として海事公庫をつくろう、こういうような考えがあり、また低金利も、市中銀行に対してももっと徹底した低金利政策を講じよう、こういう考え方もありましたが、しかしこれは改進党ばかりでできるものでなく、相手があり、これがまた政治でありますので、その辺がかわらない以上は、われわれは現在の範囲より以上のものになるならばけっこうだということで、三派協定ができた」と述べている。[49]前述した海事公庫案の見送りは、利子補給の引き上げを引き換えとしたものであったことが窺える。

また特定産業に対する優遇措置については、今回の海運への優遇が他の産業へ波及することへの懸念が提起された。岡野清豪通産相が、海運の利子補給を受けて、石炭や電力、鉄鋼といった基幹産業に適用する方針を表明したことから、海運がその糸口としてとらえられたからである。[50]こうした経緯から、右派社会党の熊本虎三は、特定産業への重点措置をすることになる修正案について大蔵省の見解を問いただした。しかし、政府委員として出席していた大月久男大蔵省銀行局総務課長は、「今回の修正案は国会でおきめになりましたものでありまして、大蔵省の意見は全然入っておりません」と発言した。あくまで「国会でおきめ願ったことでありますので、全然意見を申し上げる立場にない」とし、大月の発言は修正案に距離を置くものとなっている。[51]これは、損失補償や海運のみの低利に反対してきた大蔵省側からすれば、修正案は「議員・政党の介入」による産物に他ならず、海議連を中心とする議員・政党と運輸省らが自分たちの主張を押し切ったものに他ならなかったためであったといえよう。

審議が続けられた修正案は、委員会で七月二七日に可決した。この修正案が国会を通過し、八月一五日に公布施行された。かくて運輸省と海運業界は、積極的な「議員・政党の介入」を経て利子補給制度と損失補償制度を成立させ、海運業界の建造負担は大幅に減少することとなったのである。

第二節　開銀方式による計画造船と造船疑獄

(1) 第九次計画造船の開始

運輸省は、前述した海運補助制度である利子補給制度の検討と並行して、一九五三年度に向けた第九次計画造船の準備を進めていた。一九五二年から一九五三年にかけては、日本の独立後の貿易を活発にするためにも海運の発展は引き続き重要と考えられ、外航船舶建造の意欲は高かった。例えば、佐藤栄作は、「わが国の経済事情を打開して好転させる方策としては、誰でもいう貿易及び貿易外収入によるを以て唯一最善のものとする。（中略）海運の発展は、貿易を活発にし、貿易の活発はまた国内産業を旺盛に導く要因である。だから、海運こそは、重要産業中の重要産業である」と述べている。[52]だが特需ブームは陰りが見られ、海運市況は一九五二年から一九五三年にかけて悪化していた。不定期船運賃は、一九五二年二月から八月には四九・七％の急落を記録するほどであった。[53]このような背景をもとに第九次計画造船の作業が展開された。

一九五二年一一月二一日に海運造船合理化審議会が答申した「今後の船腹拡充方策」に基づき、一九五七年度までに約三四〇万総トンの外航船腹を確保することとし、毎年三〇万総トンの建造が目標とされていた。運輸省は、目標のうち第九次前期分では、第八次の建造予定約五万総トンと第九次繰上げの五万総トンの計約一〇万総トンを建造することに決める。財政資金の融資比率は、開銀が七割、民間金融機関が三割とした。一九五三年一月一六日に「日本開発銀行の融資並に船舶建造融資利子補給制度の適用による貨物船建造要領」を公表し、公募を開始した。同月三一日に締め切られ、四〇社、五一隻、三六万総トンの応募があった。[54]

しかしながら海運不況により海運企業の経理内容は悪化しており、当時の海上運賃率では計画造船の融資条件で建造した船舶が運航採算にのらないおそれが出てきたため[55]、民間金融機関は協調融資に消極的であった。また三月に国会に提出された損失補償制度を加える外航船舶建造融資利子補給法の改正が、衆議院の解散によって不成立に終わったため、民間金融機関は、損失補償制度が採用されなければ協調融資に応じられないという態度をとった。[56]このため民間資金調達は難航し、結局三月二〇日の閣議了解において次国会で損失補償制度を実施することとして、運輸省は民間金融機関側の協調融資の了解をとりつけることに成功した。[57]

なお適格船主の選考基準は、一九五三年一月一四日に諮問を受けた海運造船合理化審議会が三〇日に答申書を提出した。基準については、海運業者の事情を主とすること、海運業者の経営能力を考慮に入れること、海運業者の資産や信用力の良好なものを選考することとされ、前回までと同じであった。[58]この基準に基づき、開銀が金融的見地から、運輸省が海運政策的見地から審査し、協議・調整することで適格船主は決定した。前回までの手続きと異なるのは、大蔵省への見返資金の申請がなくなり、審査に開銀が加わったことであった。開銀による海運融資の状況について、太田利三郎は次のように回顧している。[59]

外航船は計画造船といって融資したんですが、定期航路、いわゆるライナーは運輸省で方針を教えてくれるんです。欧州航路は何トンぐらいのものがもう何隻要るとかね、そのうえで内容を調べて融資を決める。不定期船、トランパーについては開銀の審査に任されていたので、返済できないようなところはお断りした。

ここから窺えるのは、運輸省の方針に開銀が金融的立場から保証を与える姿である。運輸省とは独立した機関である開銀が企業の経営能力を数値に基づく審査をすることで、客観性を付与し、開銀は選定における政治性の排除を試みる役割を担ったといえる。こうして三月に決定した適格船主は、貨物船一一社、一二隻、九万一〇〇〇総トンとなった。[60]

前述した外航船舶建造融資利子補給法の改正動向を見据えつつ、運輸省は第九次計画造船の後期分の作業を進めた。一九五三年度の開銀の海運融資は二二〇億円とされており、このうち第九次後期分に一〇九億二〇〇〇万円が予定されていた。財政融資比率は、貨物船について開銀七割、民間金融機関三割、油槽船について開銀二割、民間金融機関八割と設定された。ところが油槽船業界は、タンカーの運賃が下落傾向にあること、運賃は上昇の気運なく、好景気でも不定期貨物船運賃ほどの上昇は期待できないことを理由に、財政資金融資比率の引き上げを要望した[61]。結局、油槽船に対する財政資金融資比率は、造船単価一一％減を前提とすること、財政資金枠二二〇億円を超えるものではないこと、一九五四年度計画造船の油槽船建造は新たな見地を要することを条件として、二割から四割に引き上げることが決定された[62]。

油槽船建造に関する条件変更の後、八月一一日から「日本開発銀行の融資並に船舶建造利子補給制度等の適用による新造船建造要領」が公表され、公募が開始された。二〇日に締め切られ、貨物船四五社、五二隻、三九万五〇〇〇総トン、油槽船一〇社、一〇隻、一二万九〇〇〇総トンの応募があった。船主公募と並行して、一五日に適格船主の選考基準を海運造船合理化審議会に諮問した。これを受けて、審議会は二〇日に「昭和二八年度新造船計画の新造船主詮衡基準について」の答申書を提出した。答申書が提示した基準は、海運専業者を兼業者より優先することを除けば、前回と同様であった[63]。

八月から九月にかけて、答申に基づき適格船主の選考は進められ、この間、九月四日の閣議了解によって移民船、一隻、一万総トンを追加することが決定された。運輸省は、この建造資金を開銀融資枠内で調達することになったため、油槽船の財政資金融資比率を三割に引き下げるとともに、貨物船および油槽船の契約船価の低減を図ることとした。かくして、九月一五日に運輸省は、貨物船一七社、一九隻、一四万七〇〇〇総トン、油槽船五社、五隻、六万四〇〇〇総トン、移民船一社、一隻、一万総トンの合計二一社、二五隻、二二万一〇〇〇総トンの適格船主を決定した[64]。

以上のように第九次計画造船は、占領終結に伴う海運に対する補助強化の動向と結びつきながら進められた。海運への補助強化の動きは、積極的な「議員・政党の介入」のもと、利子補給制度として実現し、続いてその改正と損失補償制度さえも実現した。こうした補助制度の最初の利用となった第九次計画造船は、海運企業の応募が殺到することになった。半分以上の船主が不適格となるほど競争が激しく、海運企業の建造意欲は大いに刺激されたのである。それだけに、計画造船の不透明性は高まり、「あの会社がと思われるような弱体オーナーが連続建造をしたり、最後の段階で二、三の船主の入れ換えが行われた。黒い噂さが次から次え囁かれ」る状態となった[65]。計画造船の実施過程は、海運業者の割り当てをめぐる不正の疑念を抱え込む構造となっていたといえる。換言すれば、この構造は、政策を継続させていくうえで、不正が顕在化した場合に強い非難の対象となりえるものとなっていたのである。

(2) 造船疑獄のインパクト

朝鮮戦争による特需ブームの反動となった海運不況は、一九五三年から一九五四年にかけて悪化したままであった。そもそも前述の利子補給制度と損失補償制度の実現は、不況下において海運業界の建造負担を緩和するため、運輸省、海議連、海運・造船業、民間金融機関の各界から要請されたものであった。利子補給制度成立の経緯について、壺井玄剛（運輸省官房長）は次のように述懐している[66]。

戦時補償打ち切りの恨みもあることだし船会社の直面するこの苦境を助けねばと政府も国会も思ったのですが、直接の補助はドッジルールによってできない、だから利子の補給なら補助ではないんだという理屈でやろうじゃないかということになりまして、利子補給法の制定となったのです。

海運業界に対する手厚い補助は、今後の日本が発展していくなかで資源を国外に頼る以上、海運・造船業の発展は外貨を獲得する手段のうえでも必要不可欠という当時の認識もあった[67]。また計画造船は、単なる経済発展の手段としてだけでなく、戦時補償の打ち切りによって建造能力を消失してしまった海運業界への救済の意味を有していた。大蔵官僚であった宮澤喜一の次の見解は、当時の海運業に対する見解を端的に示すものといえる[68]。

補償打ち切りというものが決まりまして、どこにいちばん影響があったでしょうか。造船会社や船会社でしょうか。陸海軍に船を造ってもみんなお金がもらえなかったんですから。それからチャーターに出してもお金をもらえなかった。ですから日本のマーチャント・マリーンというのはこの補償打ち切りでかなり徹底的にやられたんじゃないでしょうか。（中略）船を取られて金を払ってもらわないところはやりようがないですから、日本の、戦後のあの頃の計画造船というものは、その一種の償いみたいなものじゃないでしょうか。

それだけに割り当てをめぐる「運動」が激化し、業界と政界、官界の癒着が生じやすい構造を抱え込んでいた。宮澤も、「実際、あの計画造船というのは、スキャンダルが起きないほうが不思議なくらいあっけらかんとしたもののやり方ですから」と指摘する[69]。計画造船をめぐる「運動」の激化と癒着の関係について、壺井も次のように述べている[70]。

> 開銀の金がライナーだけでなしに、トランパーやタンカーにも出るようになったんで、みんな目の色を変えて船を造ろうとした。（中略）ところが、その割当が五隻しかないところへ、二十隻も造りたいのが出てくると、当然争奪戦になる。そうすると、少しでも自分に有利になるように袖の下を使ってでもということになったわけだ。なにせ、一文無しでも低利で借りた金で船を造れるのだから、少々リベートを出したって損はない。

こうした状況下にあった計画造船の政策的妥当性が問われることは、遅かれ早かれ時間の問題であったといえる。実際、計画造船や利子補給制度の制度的根拠は、決定的な事件により大きな非難を受けることになった。いわゆる造船疑獄である。

造船疑獄の計画造船への影響を検討する前に、造船疑獄の概要を確認しておく必要があるだろう[71]。造船疑獄は、一九五三年八月の日本特殊産業社長の猪股功が金融業者の森脇将光から告訴を受けたヤミ金融事件が発端となっている。この調べを続けているうち、日本特殊産業が山下汽船と日本海運から不正融資を受けていたことが明らかになった。両社を捜索したところ、運輸官僚への贈賄や日立造船、浦賀ドッグなどから建造請負に対して多額のリベートを受け取っていた事実が発覚した。このリベートは、他の海運会社にも及んでいた。当時、船価の一〇%程度をリベートとして造船会社から海運会社へ戻すことが慣行となっていた。また、一部の海運会社が計画造船の割り当てをめぐり運輸官僚に贈賄していた事実も判明した。海運会社への捜査が広がるにつれ、利子補給法の成立をめぐって、会社幹部と国会議員との間の贈収賄、日本船主協会や日本造船工業会幹部と国会議員との間の贈収賄の容疑も明らかになった。国会議員からは、有田二郎、関谷勝利、岡田五郎、加藤武徳が起訴された。自由党の佐藤栄作幹事長や池田勇人政調会長も起訴されるとみられたものの、佐藤の逮捕に対して犬養健法相の指揮権発動により起訴を免れることになった[72]。この指揮権発動により、捜査は打ち切られ、造船疑獄は沈静化した。以上が全体の概要である。

次に、造船疑獄の経過を少し詳しくみることで、この事件の各界への広がりを確認しておきたい。ヤミ金融事件からの造船疑獄への発展は、一九五四年一月七日に山下汽船専務の吉田二郎、監査役の菅朝太郎、日本海運社長の塩次鉄雄が逮捕されたことが始まりであった。造船会社から受け取ったリベートを正式経理に組み入れず、猪股に貸して焦げ付かせ、会社に損害を与えたとして特別背任の容疑とされた。続いて一五日には、山下汽船社長の横田愛三郎が逮捕された[73]。山下汽船の捜索が続けられ、社長室から「横田メモ」と呼ばれる簿冊が押収された。「横田メモ」には、政治献金や計画造船の割り当てをめぐる「運動」の記録が記されていた[74]。これをきっかけに、造船疑獄は政界・官界に広がった。二五日には、「将来の次官を約束されていた」とされる壺井玄剛が山下汽船からの収賄容疑で逮捕された[75]。二七日には、今井田研二郎（経済審議庁審議官、元運輸省北海海運局長）も逮捕された。このころから、計画造船の割り当て、利子補給法の制定をめぐって政治運動がされていたことが示唆されるようになった[76]。同時に、リベートが政治運動に用いられたのではないかという見解が広まった。

二月から四月にかけて、造船疑獄は各方面に拡大した。二月八日に松原与三松（日立造船所長）をはじめ、浦賀船渠専務、名村造船専務らが逮捕された[77]。二五日には飯野海運、新日本汽船、日本油槽船、東西汽船などの八社を一斉捜索し、三月一一日には俣野健輔（飯野海運社長）を逮捕するとともに、播磨造船、川崎重工にも捜査が広がった。続く一七日には、日東商船、照国海運、三菱海運も捜査が行われた。四月二日には石川島重工社長の土光敏夫が逮捕され、一〇日に船主協会会長の丹羽周夫（三菱造船社長）、船主協会理事の一井保造（三井船舶社長）が贈賄容疑で逮捕された。海運・造船業界全体に波及していったことが窺える。

運輸省側も、海運局と船舶局が捜索され、三月四日には壺井に続いて名村造船からの収賄容疑で土屋研一（海運局監督課長）が逮捕された。政界側では、第九次計画造船の後期分の割り当てに対する贈賄容疑として、二月二四日に名村汽船の取締役であった自由党副幹事長の有田二郎が逮捕された。特に有田二郎が海議連の理事であったことから、海議連の働きかけと利子補給法成立の関係が注目されることになる[78]。四月一四日には利子補給法成立をめぐる収賄容疑で自由党の岡田五郎、関谷勝利といった海議連関係者が逮捕され、同党幹事長の佐藤栄作と政調会長の池田勇人が海運・造船業者との関係で相次いで取り調べを受けた[79]。この頃には佐藤の逮捕許諾請求は決定的とみられたものの[80]、前述のように犬養法相が指揮権発動を行い、佐藤逮捕の延期を決定したことにより、一部の起訴を除いて造船疑獄の追及は事実上打ち切りとなった。

以上の経緯で造船疑獄は終わりを迎えたが、事件が拡大するなかで計画造船と利子補給制度は海運業界の激しい政治運動によるものとして非難が集中した。特に利子補給制度への非難は、補助の拡充となった三党合意修正に向けられた。もとより利子補給制度の拡充となった外航船舶建造利子補給法改正の経緯は、国会審議においても不透明な点が指摘されていた。一九五三年七月二三日の参議院予算委員会における、社会党の木村禧八郎による外航船舶建造利子補給法改正に関する質問は、その後の造船疑獄で明らかになっていく問題を示しているように思われる。木村は、利子補給の適用範囲が一九五三年から一九五〇年に変更されたことについて海運・造船業者の「運動」によって大幅に修正されたのではないかと疑惑を指摘した[81]。木村は、遡っての適用について次のように非難している[82]。

これまで昭和二十五年、六年度のこの建造について政府の融資の割当を受けるために業界では猛烈な利権運動をやっておるということを聞いておる。(中略)それほどこの船舶建造の融資というものは非常な利権の対象になっておる。船会社は何ら物を持たなくても、割当を受ければ、割当の特権を受ければそれから融資を受けてそうして船を造って儲かる。昭和二十五年、六年、七年は殊に朝鮮動乱以後において船会社が非常に儲けた年ではないか。莫大に儲けた、莫大に儲けたときに、儲かったのを配当を殖やしたり何かして使ってしまって、今になって、損したからといって国民が昭和二十五年度着工分まで遡って血税を以て利子を補給しなければならないという義務が一体どこにあるか。業界のこの利権運動については非常な囂々たる非難があります。政府の役人のかたは業界の人たちと一緒になって飲んだり喰ったりしておるといわれておる。この政府の割当の利権を得たときにお祝いをやるそうです。

また木村は、造船疑獄の際に政治献金との関係が問題視されたリベートの慣行についても次のように指摘していた[83]。

船会社とドッグ、船を作る会社とはいろいろそこで又結んで、その間に又実は十億なら十億使って建造しなければならないものを、九億くらいで上げてしまう。そのためにいい船が造れないという非難があるのです。一億くらい浮かす、浮かしてこれをばら撒く、こういうことが言われているのです。

海運会社の状況や慣行について触れたのち、木村は献金との関係性にも言及した[84]。実際、船主協会と造船工業会の献金の事実は、造船疑獄の際に利子補給法成立との関係性が疑われることになる。[85] 改進党への献金の多さも、超党派の組織であった海議連の働きと結びつけられ、改進党への報奨としてとらえられた。かくて木村の指摘したことは、造船疑獄を通じて世間の注目に晒されることになったのである。

(3) 造船疑獄による政策環境の変化

前項は、造船疑獄の展開と争点を概観してきた。では、造船疑獄はいかなる政治的影響を与えたのか。これは、少数内閣であった第五次吉田内閣の政権基盤を弱体化させる大きな事件となったことである。[86] 疑獄が拡大するなかで緒方竹虎副総理は自由党と改進党を解党して保守新党の結成を目指す新党運動を進めたが、総裁公選問題で行き詰まり、失敗に終わった。この間、自由党の鳩山一郎や岸信介らは改進党の一部と組み、反吉田政党の結成を推進した。彼らは一九五四年一一月二四日に日本民主党を結成した。鳩山派、岸派といった反吉田グループで結成されたこの党は、総裁に鳩山一郎、副総裁に重光葵、幹事長に岸信介、総務会長に三木武吉、政調会長に松村謙三らが顔ぶれとして並んだ。吉田は解散することで対抗を試みようとしたが、閣僚と党内から反対にあい、総辞職を余儀なくされた。吉田の後には、鳩山が総理に就任した。この点で造船疑獄は、吉田から鳩山へ政権の転機を象徴する事件だった。

他方、造船疑獄の対象となった海運・造船業界側は、事態をどのように受けとめたのか。また、海運・造船業界を取り巻く環境はどのようになったのか。この点について、造船疑獄後に日本船主協会理事長に就いた米田冨士雄（旧逓信官僚）の回想が参考となる。米田は、戦前に逓信官僚として管船局航務課長、船員課長、総務課長を務め、戦後も一九五二年から海運造船合理化審議会の委員を務めるなど、海運界の長老的立場にあり、業界と政界・官界との協調的な関係の構築に尽力した人物であった[87]。米田は、造船疑獄に対する海運・造船業界側の反応について次のように回想している[88]。

利子補給成立の経緯をみますと、私の見方なんですけれども、当時の海運業者というのは、こういう行為が汚職につながる危険があるということについては甘い考えをもっていて、これが犯罪になるなんて余り考えてなかった。海運全体がこんなに困っているときこれを立て直すことは、国家のためにも業界のためにも必要で、これがためにはこの法律が必要なんだ、だからこの法律をつくるためにも国会に働きかけた、働きかけるためには金が要るんだということで資金を出しておったので、自分の会社の利益のためとか、自分の個人の利益のためとか、そういう計算は当時の海運会社の人々には余りなかったのです。だから、いまやっていることが法律に触れるんだぞということを、不用意にして知らなかったようでした。

船主たちによる事件が当時の政争に利用されたとする指摘や、利子補給と献金の関係が偶然に結びつけられたとする述懐は、確かに米田の回想とも符合するものである[89]。彼らは、造船疑獄そのものよりも、これによるその後の海運政策へのデメリットを指摘した。造船疑獄後の海運・造船業を取り巻く政策環境の変化について、米田は次のようにいう[90]。

世の中の海運業界に対する態度はガラッと変わったようで、これからあとの海運政策とか、海運補助というものをやる上には、非常にこれが邪魔になりました。とにかく運輸大臣のなかにも大臣に就任後、海運のことについてはあまり関係しないと半ば公言する大臣もあるんですよ。運輸省の仕事の中で、いまは海運より航空の方が重要になってきたかも知れませんが、当時はやっぱり海運がいちばん大きなウェイトを占めておって、たとえば海運局長のポストというのは、つぎには次官になるポストであると評価され、海運局は非常に大きなウェイトを占めておったんですが、そういうふうなウェイトをもっておったにもかかわらず、ある大臣は海運についてはヨソヨソしい態度をとる、こういうものに関係して手を汚したくないふうな態度をとる人もいました。

国会の方も、当時造船疑獄で問題になった議員さん以外の方でも、やはりあんまり海運と親しくして誤解を招くようなことはやりたくないというようなことで、一つの政策をつくるときお願いにいっても、それに乗ってくれないという形がずっとありました。また新聞論調もずい分長い間白眼視されたものです。

こうした状況下で、外航船舶建造融資利子補給法成立を積極的に働きかけた海議連も、造船疑獄によって休会状態となる。のちに海議連は発展的解消として、従来の衆参両院議員だけでなく、海運・造船関係者、学識経験者を理事に加え、海運造船振興協議会として一九五四年一一月一二日に発足した。海議連との相違点として「議員連盟は諸政策を考究するとともに、併せてこれを国会において推進する政治団体であったが、協議会は諸対策の協議機関であること」とし、役割も「協議会は政治活動はしないが、本会会員である国会議員が個人の資格で国会内で本会の決議事項の推進に努力してもらう」とされた[91]。協議会は、従来に比べて政治性が後退した組織となったのである[92]。換言すれば、利子補給法成立の時のような政治的支持の積極的な調達が困難になったことを意味した。

かくして造船疑獄は、海運・造船業界を取り巻く政策環境を大きく変化させるに至った。「議員・政党の介入」の後退は、計画造船の継続性やその「ネットワーク」を安定させるうえでは本来必要なことであったが、すでに介入がかなりの程度浸透していた段階では、政治的推進力を失うことは却って政策継続の不安定要因となりかねなかった。他産業に比して優遇された措置とみられていた利子補給制度は、造船疑獄によって非難の対象となった。それゆえ計画造船の正当性が揺らぐなかで、造船疑獄後の計画造船は、その実施の難航が予期されたのである。

第三節　造船疑獄後の計画造船

(1)　第一〇次計画造船の難航と政治的解決

造船疑獄が広がりをみせていくさなか、運輸省は第一〇次計画造船の策定作業を進めなければならなかった。一九五四年に入って、朝鮮戦争の特需の終わりによる海運業の不況はますます深刻となった。三月決算において赤字が日本郵船二億八〇〇〇万円、大阪商船一億二〇〇〇万円、三井船舶三億三〇〇〇万円、飯野海運五億五〇〇〇万円と各海運会社は軒並み赤字であった。[93] 海運市況好転の材料も乏しく、好転は期待できない状態であった。[94] また六月には第九次船までの竣工により造船所の手持ち工事量が減り、いわゆるアイドル問題が生じることが懸念された。[95] こうした状況を受けて、運輸省は計画造船の策定作業を急いだのである。

運輸省の方針は、財政資金一八五億円（うち第九次船継続費五六億円）、利子補給額三六億円、約二〇万総トン建造を目標に、融資比率を開銀七割、民間三割とし、開銀の担保は既往にさかのぼって本船担保のみとした。ところが民間金融機関側は、融資比率のみならず、融資自体に対して難色を示した。民間金融機関側は、海運企業が本船担保以外に担保余力がないこと、利子支払能力および元本償還能力が期待できないこと、資金的に余裕がないことを理由として、このままでは融資に応じられないとした。[96] また民間金融機関側は、融資比率を開銀八割、民間二割として、優先担保を認めることを要求し、造船疑獄が一段落つくまで見送るべきだとも主張した[97]。開銀側も、融資の前提条件として海運・造船業界の整理統合を要望している[98]。

融資条件の難航は造船疑獄の経過とも関連し、計画造船はその見通しが立たない状況であった。石井光次郎運輸相は、一九五四年三月三日に村田省蔵（大阪商船相談役）、寺井久信（日本郵船相談役）、佐々木周一（三井船舶相談役）、大久保賢次郎（川崎汽船相談役）、米田冨士雄の海運界の長老を運輸省に招き、牛島辰弥事務次官、岡田修一海運局長、甘利昂一船舶局長らを交えて第一〇次計画造船を含めた当面の問題を協議した[99]。この場では、海運が外貨獲得に大きな役割を果たしているが、日本船の積取比率は貿易総量の四五％程度であり、絶対量としてはまだ少ないため、造船事情を考えてもどうしても造る必要があること。また海運・造船業の再編成について、第一〇次計画造船ではその促進方法を採るべきであること、国家造船はやめるべきであることが意見として交わされている。国家造船という案は全額国家資金による建造であり、第一〇次の見通しが立たないことから、民間融資が受けられない場合の手段として出されたものであるが、官僚統制色が強まることや海運業者との関係が不円滑になるなど批判を受けていた。結局、この協議の場では、これまでの方法を踏襲しながら改めて第一〇次計画造船を進めることが確認されている。

とはいえ、第一〇次計画造船にとっての障害は、運輸省側と民間金融機関側の融資条件の差であった。運輸省側の見通しは、開銀の比率を上げることは難しいという立場であった[100]。民間金融機関側も、このままの海運業の現状では融資はできないとし、国家造船を一つの方法として容認する立場だった[101]。両者の調整が続けられるなか、四月三日に石井運輸相は、緒方竹虎副総理、小笠原三九郎蔵相、愛知揆一経済審議庁長官らと協議し、海運の基本政策を検討した[102]。この協議は、小林中開銀総裁から計画造船を推進するために、今後の海運政策の基本方針の確立の要請を受けたものである。協議の結果、石井運輸相は、第一〇次計画造船を既定方針どおり進めるとし、「外航船腹拡充四カ年計画」を修正して一九五五年度以降は新しい構想のもとに海運政策を進めるとともに、民間金融機関の協調融資が困難な現状を解決する案として海事金融公庫（のち海事公社）の設立に言及した[103]。

続く四月六日、石井運輸相は、小林開銀総裁、川北禎一興銀頭取、一井保造三井船舶社長、丹羽周夫造船工業会会長、渡辺一良船主協会副会長らを集めて、今後の海運政策の方針と第一〇次計画造船について協議した。この場で石井運輸相は、海事金融公庫の設立によって担保欠如の問題を解決し、民間融資を金融ベースに乗せるようにするから、第一〇次だけは従来の方式で民間金融機関側へ融資に応じるよう要望した[104]。四月一〇日には、海運局と船舶局が経済審議庁から今後の貿易量の見通しを受けて、「外航船腹拡充四カ年計画」を修正した。従来の計画であった年間三〇万総トンの建造を一九五四年以降二〇万総トンの建造に縮小するとともに、資金調達として海事金融公庫に船舶保有会社としての機能を加えた海事公社を新設することが謳われた[105]。四月一六日、運輸省は、一九五五年以降の計画造船に海事公社を活用するため、岡田海運局長と甘利船舶局長が森永貞一郎主計局長らを訪れ、大蔵省と事務折衝に入った[106]。

しかしながら、大蔵省は、財政資金の統一的効率運用の必要性と、海運業のみを過度に保護する点から公社案に反対し、開銀と民間金融機関との協調融資を原則とする方法を主張した。もし民間金融機関の協力が得られないなら、建造トン数の減少も止むをえないという立場をとった[107]。大蔵省は、公社案が公社七割、海運業者三割の持分共有の計画造船方式を採用している点が船舶公団の再現であり、この種の法人が他の産業に波及する恐れから難色を示したのである[108]。大蔵省の反対の姿勢は、前述した海議連の場で検討された新会社案が取り下げられた理由と同様であったといえる。公社案と第一〇次の協調融資の取り付けが連動していたことから、融資条件の問題は容易に解決しない状態となっていた。

こうした状況のなか、石井運輸相は、岡田海運局長とともに四月二一日に自由党総務会に公社案と第一〇次計画造船の方針を説明し、政党に協力を求めた[109]。ただ、五月六日に大蔵省は公社案に反対であることを省議で改めて確認し、小笠原蔵相と石井運輸相の間での政治的解決に委ねた。五月一〇日、右派社会党が自由党、改進党、左派社会党を含めた五党共同提案のかたちで、第一〇次の促進決議案を衆議院に提出し、一二日に可決した。右派社会党が主導となったのは、決議案の提出理由に含まれていた、第一〇次が未着工のままで生じる造船関係の労働者の生活への影響にあったと考えられる。第一〇次を促進することにおいて、少なくとも政党側の見解は一致していたといえる。

石井運輸相と小笠原蔵相の間での政治的解決は、五月一一日の関係閣僚懇談会で、大蔵省の反対意見が強いとして公社案を棚上げとし、第一〇次計画造船を従来どおりとする方針が決着した[110]。五月一三日には、民間金融機関側が、改めて第一〇次への協調融資に応じられないことを表明した。民間金融機関側の態度は依然として強いことから、小林開銀総裁は、石井運輸相に全額財政資金で建造する用意があることを申し入れた。[111]五月二一日、石井運輸相は、「市中銀行の資金がつまっていることは事実だが、造船融資に応ずる余地がゼロだとは、個々の銀行に当ってみないとわからない。まず市中融資の窓口を開いておいて応募状況をみ、全く応募がないと判ったときに、全額国家資金での建造を考えてよいと思う」と述べ、従来の方針どおり進め、建造を希望する海運業者が資金調達の目途がつきしだい随時開銀に融資を申し込む方式とした。[112]運輸省側はできる限り全額国家資金を避けたい意向であった。石井運輸相の発言は、民間金融機関側も個別に対応すれば、造船所の逼迫した事情から協調融資に応じる可能性があるととらえていたように考えられる。また、全額国家資金にした場合、建造量の縮小を避けられず、修正したばかりの「外航船舶拡充四カ年計画」の実現が危ぶまれることも、従来の方針を堅持した理由であろう。

石井運輸相の方針に沿って、運輸省は六月五日に「昭和二十九年度計画による外航船建造要領」を発表した。随時開銀に融資を申し込む方式は、従来の一斉公募が「総花主義」の批判を受けていたことへの対応と同時に、海運業者側に民間金融機関との交渉を委ねる側面をもっていた。しかし民間金融機関の協調融資への消極的な態度は変わらず、公募開始後一カ月経っても応募船主は一社のみであり、他は資金調達の目途がたたず応募することができない状況であった。[113]またこの方式は、民間金融機関側が融資対象を選ぶことで海運業者を選考することにつながり、民間金融機関側が望まないことでもあった。[114]かくして運輸省は建造要領の見直しを迫られたのである。

六月二八日に石井運輸相は、緒方副総理、小笠原蔵相、一万田日銀総裁、堀武芳全銀協会長らと協議を行い、従来の開銀七割と民間三割に固執せず、民間金融機関側に有利になるように条件を緩和することを明らかにした[115]。民間金融機関側は、七月一三日に次の要望を受け入れることを前提に協調融資に応じることを了解した。一つは、船価の引き下げと海運企業の合理化を強力に推進し、本件融資の利息を確実に支払うことができるよう政府が責任をもって経営の改善を実現すること。二つめは、融資比率を開銀八割、民間二割とし、民間二割のうち一割は既往造船融資の開銀肩替りにより資金をあてることであった[116]。これは、民間金融機関側にとって資金負担を減少させる要望であった。運輸省は民間金融機関側の条件を受け入れ、建造要領を改めて八月四日に公表した。この改訂により、開銀の融資比率は八割に引き上げられ、応募方式は一斉公募方式に戻された。換言すれば、一連の改訂は、民間金融機関側の要望が反映されるかたちになったといえる。

改訂された建造要領に基づき、海運業者の公募が改めて開始された。開銀の財政資金は大蔵省の緊縮予算を受けて当初の一八五億円から一七〇億円に減少しており、約二〇隻、一五万総トンが目標と変更された。また基準となる船価を設定しなかった。海運業者の公募と並行して石井運輸相は、八月一一日に海運造船合理化審議会に対し、海運業者の選考基準を諮問した。一七日に答申書は提出され、海運業者の選考基準が示された。定期船については、「わが国遠洋定期航路の整備及び調整上必要と認められる航路に対する適格性並びに建造希望船主の資産信用力及び経営力を考慮して決定する」とし、「オペレーターが自ら建造する場合を優先的に考慮する」とした。オーナーについては、

「オーナーとオペレーターとの関係が緊密であることを前提として、特にそのオーナーの収益力、担保余力、償還利払の実績その他資産信用力、海運業者としての実歴等を調査し優秀な者のみに認める」とした。[117]従来の基準を踏まえつつ、オペレーター優先と「重点主義」をさらに強調するものとなった。不定期船については、建造隻数を全体の三分の一程度とし、海運業者としての実績と経営力を調査したうえで優秀な者を優先させるとした。定期船優先を明確に打ち出していることが窺える。最後に、定期船・不定期船に共通して考慮すべき点は、「企業統合を前提とする共有の申込については特別の考慮を払うもの」とし、「海運業を主たる事業とする者の建造する船舶は、その他の者の建造する船舶に優先」させ、「建造船価低減のための船主及び造船所の努力の度合いを考慮する」とした。[118]割り当ての条件に企業再編・合理化を進める船主、造船所を優先的に配慮することも付け加えられた。海運の経営状態の悪化は、企業の乱立によるものとする議論があり、経営状態の悪さが民間金融機関側の資金融資のリスクとなっていたことから、割り当ての考慮対象となったと考えられる。

海運業者の公募は八月二五日に締め切られ、応募社数三八社、四六隻、三五万総トンであった。応募が多数に上ったのは、開銀融資が八割に引き上げられたこと、業界再編の必要性が高まってきたこと、今後の計画造船が大きく転換することが予想されることが、主な要因とみられた。[119]ところが船主選考の段階に入り、問題が生じた。問題となったのは、民間金融機関側が協調融資に応じる条件であった肩替りの方式および対象であった。民間二割のうち一割を開銀が肩替りすることになっていたが、開銀と民間金融機関側で解釈の開きが表面化したのである。開銀は肩替りの融資対象を第七次後期以降の貨物船として最近の残高を基準に総額が一七億円（総船価の一割）になるように返済資金を貸し付けするものと解釈していたのに対し、民間金融機関側は新規融資を基準として肩替りをするべきであると主張した[120]。運輸省はこの対立の調整に苦慮したものの、一〇月二日になって、肩替り対象は第一〇次船とすること、肩替り金額は契約船価の一割に相当する金額とする了解が両者の間で成立した。民間金融機関側の要望が通り、事実上九対一の融資比率となることが決まった。

以上のような経緯を経て海運業者の選考は答申の基準に従い、運輸省は航路審査委員（海運造船合理化審議会の委員から選ばれた航路事情を考慮して選考する委員）の意見を聞いたうえで、第九次と同様に運輸省は海運政策の立場から、開銀は資産信用力の立場から審査が進められた。開銀側は、選考について次のような態度を示した[121]。

> 例の事件直後であり、それだけにいつどこから質問されても数字的な根拠を以て説明できるものでなければならないとの見地から申請した各社別の担保状況を始めこれまでの収支実績、新造船の収支見込、航路別採算等々を総合的、具体的に調査、研究し、それらを逐一理事会に提示し、それぞれの資料につき十分の納得を得た後にそれを基礎とした各社別の総合得点を作成して最終態度を決定した。従って今回は政治的にどうの、こうのという余地は全くない。

今回の選考結果の特徴は、飯野海運、山下汽船といった有力オペレーターが落とされたことや、三光汽船と組んだ播磨造船が落とされたことである。また、日本郵船二隻、大阪商船二隻、三井船舶二隻と大手が二隻ずつ割り当てられ、全体の隻数における大手の占める割合は増加し、割り当ては「重点主義」の傾向を強めたといえる。一〇月二〇日に適格船主が発表され、貨物船一六社、一九隻、一五万五〇〇〇総トンが決定した[122]。造船疑獄の影響を受けた第一〇次計画造船は難航したが、石井運輸相が政治的解決を主導したことで実施にこぎつけたのである。

(2) 海運市況の好転と政権交代

難航した第一〇次計画造船に続いて、運輸省は建造量確保の観点から第一一次計画造船の作業に着手した。一九五四年一〇月に岡田から代わった粟沢一男海運局長は、第一一次の建造量として約二〇万総トン、うち油槽船六万総トンを予定しており、民間金融機関側の協調融資を期待する旨を明らかにした[123]。また一九五四年の秋ごろから、不定期船市況が上向き始めた。直接の要因は欧州の不作や寒波によって米国の小麦や石炭が動き始めたことや、東西対立の雪どけにより世界経済の再建の長期的な軌道に乗ることが期待されたことによるものであった[124]。市況の好転を機に海運業界の建造意欲は再び刺激されつつあった。

他方、造船疑獄後の政局は不安定化のさなかにあった。造船疑獄により弱体化していた吉田内閣に対して反吉田政党の結成を推進してきた鳩山一郎は、一九五四年一一月一日に新党結成準備委員会の委員長に就いた。一一月八日には、鳩山と同じく反吉田政党を推進してきた岸信介、石橋湛山が自由党を除名された。鳩山と岸、石橋と自由党離党組、改進党らが中心となり、一一月二四日に日本民主党を結成する。民主党は、両社会党と内閣不信任案を提出するはこびとなり、吉田首相は解散することで対抗を試みようとしたが、閣僚と党内から反対にあい、総辞職を余儀なくされた。両社会党は早期解散を条件に鳩山を支持し、一二月九日に鳩山内閣が誕生した。

自由党政権から民主党政権への政権交代は、海運政策にも影響を与えた。鳩山内閣は政権公約で経済計画の策定を掲げており、これは吉田が「経済復興計画」の発表を中止させて以来、ついに長期経済計画が実現しなかった吉田内閣とは異なる点だった。[125] 長期経済計画の策定は、経済審議庁(一九五五年七月に経済企画庁に改組)の発言力を高めることにつながっていく。運輸省は、「外航船舶拡充四カ年計画」を鳩山内閣のもとで策定される長期経済計画に連動させる必要が生じたのである。

三木武夫運輸相は、一二月二三日に「外航船舶拡充四カ年計画」と第一一次計画造船を長期経済計画に沿うように再検討を命じた。[126] これを受けて運輸省は、一九五五年一月七日に経済審議庁が策定途上にあった総合経済六カ年計画に沿って「外航船舶拡充六カ年計画」の骨子を発表した。この計画では、一九五五年度から一九六〇年度に外航船一二六万総トンを建造するとし、目標の船舶保有量を四五〇万総トンとした。「外航船舶拡充四カ年計画」を修正した際の目標であった四〇〇万総トンを上回る船舶保有量が盛り込まれ、目標達成のために引き続き海事公庫を設立することも明記された。[127] 換言すれば、同計画は、従来の計画からさらに船舶建造の拡大を推進するものであり、長期経済計画策定を機に歳出拡大を目指したものといえる。運輸省のみならず、各省とも歳出拡大を企図した「総合経済六カ年計画」は、一九五五年一月一八日に公表された。[128]

続く二月の総選挙を経て、三月には第二次鳩山内閣が成立した。民主党は一八五議席しか獲得できず、少数与党内閣であり、自由党の協力を必要とした。両派社会党の議席は伸びており、これらが保守勢力を結集する保守合同の機運となった。かくて鳩山内閣は、一九五五年度予算案を通すことを優先していくことになる。

運輸省は、三月二二日に公庫案について修正し、政府と民間が株式を約半数ずつ所有する株式会社として設立する新会社案を公表した。[129] しかし、新会社案は、船舶所有を海運業者と共有とするなど、船舶公団に近いという意味ではこれまでの案と本質的には変わりはなかった。それゆえ、引き続き大蔵省からの反対が予想された。

こうした状況のもと運輸省は、新会社案と第一一次計画造船を並行して進め、第一一次を従来の方式で進めることとし、二二万総トンを建造目標とした財政資金一八六億円を予算要求した。[130] しかし財政抑制の観点から「一兆円予算」堅持の方針であった大蔵省は、一五〇億円と査定した。[131] 運輸省は引き続き大蔵省と折衝を重ね、結果として一五五億に増額され、一九五五年四月一九日に三木運輸相と一万田尚登蔵相との間の了解によりさらに五億円が増加し、一六〇億円、一九万総トンが決定した。当初の要求額に近づいたとはいえ、運輸省は建造目標の修正を余儀なくされている。[132]

財政資金の決定を受け、一九五五年五月一〇日に運輸省は、海運造船合理化審議会に「今後の外航船舶拡充方策」について諮問した。この諮問は、審査基準のみならず、第一一次計画造船のあり方を検討するものであった。船種の建造比率や融資比率、入札制の可否などが審議され、船価低減を研究する場として審議会内に船型及び設計仕様合理化専門委員会が設置されている[133]。審議会に対してより踏み込んだ調整を委ねようとしていたことが窺える。審議の結果は、七月一一日に答申書として提出された。まず第一一次計画造船は、開銀八割と民間二割による協調方式による建造とし、引き続き民間金融機関側の資金負担を抑える方法をとった。次に定期船と不定期船の建造比率は、「わが国定期航路の就航船舶の現状にかんがみ、国際競争上これが適格船舶を早急に建造することが緊要であるので、右の事情を総合的に勘案すれば、昭和三〇年度計画造船においては、定期船により重点を置き、不定期船の建造比率を貨物船の総建造屯数の五〇%以下とすることが適当である」とした[134]。不定期船の建造比率は上昇したものの、引き続き定期船優先の立場を示したのである。さらに答申では海運企業の合理化と再編成について引き続き努力することも指摘している[135]。

答申では民間融資が二割と明記されたが、今次の計画造船でも民間金融機関側は容易に協調融資に応じなかった。民間金融機関側の反対は、一九五五年度初頭からの海運市況は好調であるものの、海運会社の経理は好転していないこと、担保余力も少ないこと、海運会社の一部が既往融資分の支払利子および借入返済金を延滞していることが理由であった[136]。これらを理由として、民間金融機関側は第一〇次と同様の一割融資を主張した。もっとも民間金融機関側は、海運市況が好調により海運会社の償還能力に余裕が出てくること、民間金融機関側も資金繰りが好転する見通しであることから、条件つきで民間二割に応じる姿勢もみせていた[137]。一九五五年六月二八日に民間金融機関側は、開銀の据置期間を従来の三年から五年に延長すること、担保その他について民間金融機関の担保確保に開銀の協力を得ること、乗出費用は損失補償および利子補給の対象とはならず全額民間融資となっているので計画造船融資と分け別契約として早期回収を図ること、過去不況時における海運会社に対する赤字融資は設備資金より優先回収を図るという条件を受け入れるならば、二割融資に応じることを表明した。(138) 民間金融機関側の要望は、海運企業が好況のうちに延滞している借入返済金の回収を図りたかったためと考えられる。三木運輸相は小林中開銀総裁に連絡をとり、開銀が民間金融機関側の条件を受け入れることを明らかにしたため、ここに協調融資の問題は解決された。(139)

協調融資の協力と並行して、運輸省は船主選考の準備を進めた。七月一一日に海運造船合理化審議会が諮問を受けていた「昭和三〇年度新造船計画の新造船主詮衡基準」について、同月一四日に答申書が提出された。選考基準は、竣工予定日を著しく遅いものを認めないという新しい追加項目と、造船所事情の考慮が削除された点を除けば、前回と同様だった。(140) 同日、運輸省は「昭和三〇年度計画による外航船建造要領」を発表し、公募を開始した。

ところが公募期間に入っても、鋼材価格が決まらず、正確な船価決定の見通しが立たない状況に陥った。世界的な海運市況の好況は輸出船ブームを招き、鋼材の不足、鋼材価格の上昇を引き起こしていたのである。価格の上昇は、第一〇次の際に造船用鋼材は一トン当たり三万八五〇〇円であったが、第一一次計画造船が実施される直前の一九五五年六月で四万四二〇〇円まで上昇するほどであった。(141) このため日本造船工業会は、理事会の場で七月一四日に第一一次船用鋼材価格は輸出船用（一トン当たり四万三〇〇〇円）より安くしなければ採算が合わないとし、同月二二日に一トン当たり四万二〇〇〇円の基準で鉄鋼業界に申し入れている。しかし、鉄鋼業界側の要望は四万四五〇〇円へと値上げを表明するものであり、鋭く対立した。この調整が難航し、三木運輸相、石橋湛山通産相、高碕達之助経企庁長官の折衝を経て、八月一五日に四万四二〇〇円で正式決定した。[142] 締め切りが八月五日であったため、造船会社の多くは鋼材価格四万三〇〇〇円をベースとして船価を見積もって対応した。[143]

八月五日に締め切られた公募の結果は、定期船八社、一七隻、一四万一〇〇〇総トン、不定期船四一社、四一隻、三一万総トン、油槽船六社、七隻、一二万二〇〇〇総トンとなり、高い競争率となった。選考は答申に基づき、運輸省と開銀は前回と同様の見地から選考を進め、九月一六日に適格船主を発表した。適格船主は、定期船五社、八隻、六万八〇〇〇総トン、不定期船八社、八隻、六万一〇〇〇総トン、油槽船三社、三隻、五万三〇〇〇総トンの合計一六社、一九隻、一八万三〇〇〇総トンとなった。[144] この第一一次計画造船では、世界的な船舶の大型化、スピード化の影響を受け、一万二五五〇重量トンを超える不定期船や三万三〇〇〇重量トン型のスーパータンカーが新たに建造されている。[145]

(3) 第一二次計画造船と復配問題

海運市況の好転と政権交代は、計画造船の量的拡大を推進するうえで有利な政策環境を提供した。

このため海運業界は、海運市況の好調に乗ってできる限り早く多数の外航船を建造したいと考えていた。第一一次計画造船の決定から間もない一九五五年一一月に、船主協会は第一二次計画造船の早期の実施と、建造量の大量確保を運輸大臣に要請している。[146]運輸省も、すでに九月に「昭和三一年度海運基本政策要綱」を発表し、第一二次計画造船で二二万総トンを建造して船腹拡充を図ることを表明した。[147]

一二月には自民党結党後の第三次鳩山一郎内閣のもとで、経済の自立と雇用の増大を目的とする「経済自立五カ年計画」が策定された。[148]この計画は、前述した「総合経済六カ年計画」の見直しを受けて改めて策定されたものであり、一九五六年度を初年とした五カ年間を目標年度として閣議決定されたものである。海運は目標年度に向けて建造量を貨物船九六万総トン、油槽船三〇万総トンの合計一二六万総トンとしていた。[149]これに合わせて同月に運輸省も「外航船舶拡充五カ年計画」を策定し、一九五六年を初年とした五カ年間で一二六万総トンを建造することを決定している。[150]この建造量と船腹量は、「外航船舶拡充六カ年計画」と目標値は変わらず、微修正にとどまるものであったといえる。第一二次計画造船の建造目標は、海運業界からの建造量増加の要望も踏まえて三〇万総トンへと上積みされた。財政融資比率を定期船八割、不定期船と油槽船七割として、運輸省は財政資金一八九億七〇〇〇万円を大蔵省に要求した。[151]

大蔵省は、海運業界が好調であり民間資金調達の可能性が大きいことを理由に一一九億円（二〇万総トン建造）の減額査定をした。[152]運輸省の復活折衝は続けられ、一九五六年一月二〇日予算閣議で財政資金一二七億円、融資比率五対五、建造量二二万総トンとすることが決定した。附帯条件として、開銀の資金にゆとりが生じれば、さらに八万総トンの建造を認めるとした[153]。附帯条件は、三〇万総トン建造の含みを残すものといえる。ただし八万総トンの分に関しては、利子補給の適用外とされた。加えて一九五六年度予算案での第一二次に対する利子補給額は、海運企業が高収益を上げていることを理由に従来の半額（一般民間金利と年五分との差額の二分の一）と決定された[154]。この減額は、引き続き「一兆円予算」を堅持しようとする大蔵省の財政上の要請によるものとしてとらえられた[155]。

財政資金枠の決定に伴い、運輸省は全国銀行協会連合会に協調融資への協力を要請するとともに、三〇万総トン建造に近づけるための具体策を検討した。少ない資金量で大量建造するうえで問題となったのは、融資比率および自己資金の活用である。小林中開銀総裁は、融資比率五対五が望ましいとしつつ、船種に応じて融資比率を変えれば、海運市況が好調なことから建造量を確保できるとした[156]。一九五六年二月三日に運輸省は、検討の結果として三〇万総トンを二二万総トンと追加八万総トンに分けて二二万総トンの建造を優先すること、船種に応じて融資比率を変えること、応募の際に追加建造の希望を申請させること、船価の一割五分ないし二割五分程度の自己資金の調達を応募の前提とする実施方針を決定した[157]。

しかしながら、運輸省の実施方針に対して、民間金融機関側は第一一次と同様に融資比率の点で難色を示した。方針に示された自己資金は、金融機関からの融資によらない資金としての「自己資金」とされていた。民間金融機関側は「自己資金」といっても結局、利子補給の対象にならない資金を融資しなければならないとして反対したのである。[158]

二月六日、民間金融機関側は全国銀行協会連合会の理事会で第一二次船の融資比率は開銀五割、民間四割、自己資金一割が妥当であると決定した。[159] 従来一割から二割としてきた民間金融機関側が一転して四割もの融資割合に応じたのは、前年下期の金融緩和で手元資金が増えたことに加え、同時期に進行していた自民党内に資金委員会を設けて民間金融機関側の資金の引き出しを容易にしようとする動きにみられる、政党による民間金融機関側への監視強化の動きを警戒したためであった。[160] 資金委員会設置構想は、一九五四年度予算編成の際に改進党が「投融資計画委員会」設置を提唱して以来、折に触れ保守政党間の政策協定として議論の対象となった融資規制の流れを汲む構想であった。[161] これは、政党の金融への介入であり、大蔵省はもとより、財界や金融界は金融統制の警戒から反対であった。[162] このため、資金委員会設置構想は、金融機関への命令権や指示権を含まない金融機関資金審議会として設置されるにとどまった。それゆえ、政党の金融への介入が、民間金融機関側の協調融資の早期解決を促したと考えられる。

運輸省は、船種別の融資比率について民間金融機関側とさらに交渉し、二月二〇日に次のように船種別融資比率が決定した。[163]

船種（建造量）	財政資金	民間金融機関資金	自己資金
定期船（八万総トン）	五五％	三五％	一〇％

不定期船（九万五〇〇〇総トン）　四五％　四五％　一〇％
油槽船（六万四〇〇〇総トン）　三五％　五五％　一〇％

融資比率に合わせて建造規模は二三万九〇〇〇総トンに上積みされた。第一二次計画船は、海運業界と民間金融機関の建造負担をともに増加させることにより、建造量拡大を実現したといえよう。

融資比率の調整と並行して運輸省は、二月六日に海運造船合理化審議会に「昭和三一年度新造船計画の新造船主詮衡基準」について諮問した。同月一一日に答申は提出され、一万八〇〇〇総トン以上の大型油槽船建造に対して慎重に考慮すべき点を明記したことを除けば、前回と同様の基準となった。[164]答申を受けて二四日に「昭和三一年度計画による外航船舶建造要領」が公表され、二五日から公募が開始された。公募は三月二〇日に締め切られ、定期船九社、一九隻、一五万七〇〇〇総トン、不定期船三六社、三九隻、三〇万二〇〇〇総トン、油槽船七社、七隻、一一万四〇〇〇総トンの合計四七社、六五隻、五七万五〇〇〇総トンになり、競争率は第一一次の全体平均三・一倍に比べて二・四倍と下回る結果となった。[165]

適格船主の選考は、運輸省と開銀が前回までと同様の見地から審査を進めた。運輸省は、航路審査委員会から航路ごとの建造隻数の要請に基づいて、四月二三日に建造隻数を定期船九隻、不定期船一二隻、油槽船四隻に決定した。開銀側も資産信用力の点から審査を進め、二六日から運輸省と調整が開始された。最終的に五月一日に適格船主が決定され、定期船六社、九隻、七万五〇〇〇総トン、不定期船一三社、一三隻、一〇万八〇〇〇総トン、油槽船四社、四隻、六万七〇〇〇総トンの合計二三社、二六隻、二五万二〇〇〇総トンとなった。[166]

第一二次計画造船は建造量の拡大を実現したものの、運輸省はその当初の目標であった三〇万総トンに向けて残りの追加建造の準備を開始した。海運市況の好調は続いており、第一二次船に漏れた海運業者を中心に、自己資金による建造意欲が高まっている状況であった。自己資金船による建造増加は、財政資金や利子補給制度の存続に影響を与えるため、運輸省は追加建造の計画作業を急いだのである。ところが追加建造分の資金計画をめぐり、運輸省は大蔵省と対立することになる。大蔵省側は、「十二次船は前期分で終わったのであるから追加分は、前期分と同じ建造条件にする必要はない」という考え方にたち、「追加分の財政資金はある程度確保しても、利子補給は適用しない」という態度であったという。[167] 運輸省は、財政資金要求額を二六億円とし、建造量六万三〇〇〇総トン、融資比率を不定期船四割五分、油槽船三割五分として要求した。これに対し、大蔵省は五月九日に省議で、建造量を不定期船三万五〇〇〇総トン、油槽船一万三〇〇〇総トンの合計四万八〇〇〇総トン、開銀融資比率を契約船価の三割（融資額一一億円）とし、利子補給および損失補償は適用しない方針を決め、運輸省に提示した。[168]

運輸省と大蔵省の間で折衝が続けられ、五月一七日に追加建造資金計画が発表された。この計画では、建造量を六万三〇〇〇総トン（中型貨物船八〇〇〇総トンを含む）、財政資金総額を一六億七〇〇〇万円とし、中型貨物船については利子補給および損失補償制度を適用しないとした。運輸省は建造量を確保する代わりに、大蔵省側の要望である資金の圧縮と利子補給制度の不適用を受け入れたといえる。また融資比率も修正された[169]。この建造資金の問題が解決した後、五月一八日に運輸省は第一二次の公募の際に追加建造を申請していたものから内定しておいた、不定期船社五社、五隻、四万二〇〇〇総トン、油槽船一社、一隻、一万三〇〇〇総トンの船主を対象に内示し、六月五日に正式に発表した。中型貨物船についても、同日に建造要領を発表し、公募を開始した。二〇日に締め切られ、六社、六隻が応募した。適格船主の選考にあたり、中型貨物船にも第一二次の基準が適用され、七月一八日に二社、二隻、七〇〇〇総トンが決定された[170]。この結果、第一二次計画造船の合計建造量は、三一万四〇〇〇総トンと前年度に比べ大幅な増大をみたのであった。

かくて海運市況の好況という条件下にあったとはいえ、第一一次と第一二次の計画造船で飛躍的に建造量を増大できたことは、造船疑獄直後の困難な状況を乗り越えたことを予感させるものであったといえる。確かに開銀比率の引き下げや新たに融資比率に自己資金調達を設けたことも、海運業界が建造負担の増加に耐えられることを見越して設定されたものと考えられ、選考に漏れた海運業者が自己資金船でも建造したいという意欲の表れは、市況の好調に支えられたものであった[171]。

しかしながら、海運市況が好況であればあるほど、優遇措置である利子補給制度はその存続に疑問を投げかけることになった。特に大蔵省は当初から利子補給の適用に否定的であり、第一二次計画造船での適用を半分にしたことや追加建造で適用を認めなかったことは同省の強い姿勢を改めて示すものといえるだろう。この否定的な姿勢は、海運会社の配当問題で顕在化した。配当の復活は、海運企業の低い自己資本比率を引き上げるために資本金の増加（増資）をするうえで必要であった。不況下にあった海運会社の多くは無配当を続けてきたが、一九五五年の好況による収益の改善がみられ、九月期決算の際に利子補給対象会社の二、三社から復配を望む声が出始めた。この時は運輸省、開銀等からの時期尚早の要望により、見送りとなっている。[172] 一九五六年に入っても好況は継続したため、三月期では配当の再開（復配）を希望する会社が三月一五日の段階で一五、六社に増加したのであった。[173] それゆえ運輸省は、健全な経営を維持することを条件に復配を許可する方針で、大蔵省と折衝を開始したことになる。

そもそも復配問題は、海運会社のこれまでの償却不足と猶予利子の返済方法に関わると同時に、利子補給の優遇を受けていることから対応に慎重を要するものとなっていた。運輸省は、利子補給制度は自国の金利と国際的な金利水準との差を補給していることから、復配と利子補給を切り離して進めることとした。この間、復配するのであれば開銀融資の利子の徴収猶予を完済するべきであるとする開銀側の主張には、返済年賦を圧縮することで調整を続けた。[174] しかし、大蔵省は利子補給を受けている海運会社が復配することに反対を示した。[175] 大蔵省にとって利子補給は、かつて反対の意向を示しながら政治的介入により成立した制度であり、早期に停止することを望んでいた。復配問題は、大蔵省にとって利子補給を停止する契機を与えるものに他ならなかった。

大蔵省は復配問題を機に利子補給法施行令を改正し、利子補給制度の厳格化を図った。すなわち、利子補給制度の適用基準を厳格化することにより、実質的な制度の無効化を図ったのである。具体的には、「「一割」以上利益があった場合は利子補給を止めるとあるのを「八分」に下げ、また「一割五分」以上の利益を挙げた場合はさかのぼって利子補給金を返すとなっているのを「一割二分」に下げ、しかも配当した会社には今後利子補給契約を結ばない」とする、強い主張であったという[176]。さらに、大蔵省は、配当が可能な会社は計画造船の枠から外して、開銀の資金と利子補給の供給を打ち切るべきとして、海運政策にまで言及したのである[177]。大蔵省が海運政策にまで言及したことにより、運輸省はその態度を硬化させることになる。大蔵省の主張に対し、吉野信次運輸相は、利子補給法が運輸省の所管であることを理由に、大蔵省の主張を押し切って復配を認可することを事務当局に指示した[178]。運輸省は大蔵省案に反対し、この案にとらわれず、四月一〇日までに復配基準を作成するとした[179]。以後も運輸省と大蔵省の折衝は続けられ、大蔵省側が利子補給の厳格化を取り下げ、第一三次以降の財政負担を緩和する方向で運輸省案に同意し、四月一〇日に海運会社の復配基準が発表された。基準は、「復配する海運会社はその期の普通償却を完全に行うほか、その期の特別償却額と過去の普通償却不足額の五分の一（年二期決算なら十分の一）のどちらか多い方の償却を実施する」ことと、「各決算期における開銀、市銀の利息を支払うとともに、配当を開始する決算期において、過去の徴収延期利息をその期から三カ年間に支払い得るよう償還方法を立てる」の二点を骨子とするものだった[180]。換言すれば、海運会社が配当可能な利益を出している以上、滞っていた償却の処理や利息の支払いをすることが求められていたといえよう。こうした基準をもとに復配は可能となったのである。

とはいえ、基準の決定にあたり、運輸省と大蔵省の間で「今後利子補給金など財政負担を軽くする方向で再検討する」ことが了解事項とされた[181]。これは、利子補給制度の見直しに含みをもたせるものであり、次の計画造船に与える影響が懸念された。大蔵省は、復配問題で利子補給制度の停止はできなかったが、停止への道筋を残したといえる。このような文脈のもと、第一三次計画造船は策定されていくのである。

(4) 第一三次計画造船と利子補給制度の停止

計画造船の建造量拡大を支えた海運市況の好況は、一九五六年七月のエジプト政府のスエズ運河国有宣言とそれに伴うスエズ動乱の勃発、一一月の運河の航行遮断によりいっそう拍車がかかることになった。当時のスエズ運河通航貨物量一億七〇〇〇万トン、通航船腹量一億五四六〇万円総トン（貨物船、タンカーを含む）のすべてが喜望峰経由に変更された場合、航海距離は貨物船で平均二九・三%、タンカーで七二・三%延長される。このための船腹需要の増大は、貨物船一五六〇万総トン、タンカーで七三二〇万総トンに達するとされた[182]。タンカーの運賃が急騰し、輸送距離の増大や備蓄買い付けのため船舶は不足が生じることになった。イギリスの海運集会所による不定期船運賃指数によれば、一九五二年を基準（一〇〇）として、一九五五年七月で一三〇、一二月に一四〇・一となり、スエズ運河の運航が遮断された一九五六年一一月に一七一・四、一二月に一八九・四と運賃の急激な伸びを示していた[183]。また海運企業の収益も引き続き改善し、一九五七年三月期までに利子補給対象会社四八社のうち三四社が配当を実施するまでとなった[184]。このようにスエズ・ブームは海運市況の好況を促し、海運企業に好収益をもたらすとともに、船舶建造の意欲を刺激するものであった。このブームは、一九五七年四月八日にスエズ運河の通航が再開されるまで続くことになる。

こうした海運市況の継続的な好況は海運・造船業界の建造意欲を高め、前述した自己資金船と輸出船の建造増加を促していた。輸出船の建造は、貨物船と油槽船を含め一九五一年度に一七隻、四万八三〇〇総トン、一九五二年度に一七隻、二二万五〇〇〇総トン、一九五三年度に三隻、四万四五〇〇総トンと国内船に比べてシェアは多くはなかった。[185] ところが一九五四年末の海運市況の持ち直しと一九五五年からの好況にかけて、建造量は大幅に拡大した。[186] 建造の多くは、市況の変動や船舶需給事情によって左右される「市場もの」と呼ばれる、ギリシャ系船主向けが中心であった。[187] このような輸出船の増加は、造船所の船台を埋める役割を果たしたものの、計画造船を実施する際の船台不足が懸念された。

船台不足の問題は、自己資金船が増加する場合も同様であった。自己資金船の建造も、一九五四年一隻、一万三〇〇〇総トンから、一九五五年に一五隻、一一万四〇〇〇総トン、一九五六年に六六隻、四二万九〇〇〇総トンにまで拡大した。[188] 海運市況は、今後二、三年の間は大きな不況にならないという見通しであったため、自己資金船の建造量は拡大するとみられていた。[189] このため、第一三次計画造船と自己資金船の調整をどのように図るのかが実施の障害となった。日本船主協会は、運輸省に従来の計画造船を再検討する必要があるとして、次の要望をした。[190]

①現行昭和三十五年度に終る計画造船の絶対量（四百五十万総トン目標）は修正拡大せられなければならないと同時に、その遂行をスピードアップすることを要し、更に第二次計画が策定せられるべきである。

②自己造船は、リプレースメントと考えるべきで、第十三次船決定までに起工する分については即時許可すべきである。

③第十三次船、自己建造とを問わず船台確保のため、造船予約の手金を支払い、その予定船が第十三次船に適格となった場合はそれに振替える方法をとるべきである。

この要望は、計画造船の早期の実施と自己資金船の積極的な建造を表明するものとなっていた。船主協会は日本造船工業会とも協議し、一九五七年度の国内造船は計画造船と自己資金船とを並行して推進するべきとして運輸省に再度要望している。[191] これらの要望を受けて運輸省は、一九五六年八月に第一三次計画造船の準備を進めた。今次の計画造船について運輸省は、次のような試案をまとめた。[192]

①建造量は定期船（移民船含む）二十万総トン、不定期船十万総トン、油槽船五万総トン、合計三十五万総トンとする。

②建造資金総量は船価を第十二次船の八％高として四百八十三億円とする。融資比率は開銀・市中・自己の夫々が定期船四〇％・四〇％・二〇％、不定期船および油槽船二〇％・四〇％・四

〇%として、三十二年度所要財政資金（十二次船継続費を含む）を百五十六億円とする。
③利子補給は配当を行う決算期に属するものは支給しない。

試案は定期船重視、民間融資を四割と設定し、三五万総トンと前回以上の建造量を見込んだ。利子補給については、船主協会が配当する海運会社は利子補給を辞退することを表明したため、上記のようになったものと考えられる。この試案は、一九五六年八月二七日に「昭和三二年度外航船舶建造要領」について諮問を受けた海運造船合理化審議会に提出された。審議会は、試案を中心に検討し、九月一七日に建造要領について答申を提出した。

答申書は、第一三次計画造船を早期に実施するものとし、建造量は試案と同様に合計三五万総トンを提示した[193]。定期船の建造については、オペレーターに限るとした。融資比率は、定期船を開銀資金五割、民間資金四割、その他一割とした。不定期船および油槽船については、開銀資金三割、民間資金四割、その他三割とされた[194]。定期船建造への重点が窺える。この融資比率に合わせて、所要財政資金（第一二次船の継続費を含む）は一九五億円と見込まれた。資金総量も、船価の高騰傾向を考慮して第一二次船の一〇%高とし、四九三億円に変更された。なおこの答申書では、国内船の船台確保を必要とする「国内船建造確保に関する建議」が付された。

九月二五日、運輸省は自由民主党政務調査会交通部会にて第一三次計画造船の概要を説明した。この場では、建造量と融資比率は答申どおりであり、利子補給を引き続き半額とすること、配当を実施する海運会社には支給しないことを説明した[195]。一〇月一七日には再度自民党政調会交通部会で概要を説明し、部会は中小型船への配慮を希望したうえで三五万総トンの建造で了承した[196]。この希望は、中小型船を建造する造船所への配慮から行われたと考えられる。

運輸省は、答申に基づき一〇月から大蔵省と一九五七年度の予算折衝を始め、財政資金一九五億円を要求した。一九五七年度予算編成作業は、これまで三年間続けられてきた「一兆円予算」による歳出抑制に対して各省・政党の不満があり、歳出拡大の圧力は強まっていた。運輸省の要求もこの流れに沿うものであったといえる。しかし、海運企業の好収益、配当の復活、自己資金船建造の増加は、財政資金による計画造船の継続に疑問を投げかけていた。特に大蔵省は復配問題の経緯もあり、財政資金の増加に否定的であった[197]。また利子補給の継続を続けるかどうかが大きな論点であった。運輸省側も、当初は第一二次と同様に補給額を半額として、配当する会社に適用しない方向になるととらえていた[198]。ところが大蔵省の利子補給制度への否定的な態度をみるにつけ、運輸省側は利子補給の継続を困難と見始めた[199]。

一九五七年度予算編成作業は、鳩山一郎が引退をし、一二月二三日に成立した石橋湛山内閣へと引き継がれた。石橋内閣では、池田勇人蔵相が中心となって「千億円減税・千億円施策」の積極財政を基調とする予算を組んだ。かつての「均衡財政」論者であった池田蔵相は、「千億円減税」に慎重であったが、自然増収を積極的に見積もり、党の要求を「千億円施策」に封じ込めることで予算編成を主導した[200]。とはいえ、造船疑獄の後に海運への干渉を避けようとする政界にあって、財政資金の増額と利子補給の継続を求めるうえで、海運に対する政治的支持は欠いていたといえる。決定的となったのは、池田蔵相が、利子補給制度の停止に言及したことであった。[201] かくして大蔵省は、一九五七年一月一四日に財政資金を一〇〇億円と査定し、利子補給を打ち切ることを運輸省に内示した。

しかしながら、海運に限らず予算案をめぐって大蔵省は、自民党側との調整に苦慮することになる。一月一五日に自民党政調役員会が開かれ、続けて一六日に各部会で大蔵省原案の説明が行われた。ところが「千億円施策」により抑えられていた党側の要求は、復活折衝の段階になって大蔵省原案に対する党側の不満というかたちで噴出した。[202] 不満の中心となったのは農林予算であり、特に農林部会が反対していた米価の値上げ問題であった。米価は、米の需給と価格の安定の観点から食糧管理制度により生産者価格と消費者価格の二重価格が設定されており、この差額と政府による米の管理が食糧管理特別会計の赤字となる問題を抱えていた。この問題を解決する案が米価の値上げであったが、「千億円減税」の効果が薄れることや低所得者の家計への影響を理由に、農林部会を中心として党側が反対していたのである。

加えて農林部会では、米価の値上げ問題のみならず、農林予算そのものについて、全体の予算規模が拡大するなか、農林漁業関係の内示額が圧縮されているとして強い不満を示した。このため、復活折衝にあたり、前農相であった河野一郎、保利茂や広川弘禅ら元農相を動員することが申し合わされた。[203] 特に河野派の反対は、石橋内閣の成立経緯が影響を与えていた。鳩山一郎の引退表明後に総裁選が行われ、石橋、岸信介、石井光次郎が立候補した。河野派が支持した岸は第一回投票で一位を獲得するものの、決選投票において二、三位連合をした石橋が逆転勝ちをした[204]。この結果、河野派は傍流におかれることになったものの、石橋内閣は党内融和を図るうえで岸派や河野派の動向を考慮に入れなければならなかった。こうした背景のなか米価については、池田蔵相、石田博英官房長官、三木武夫幹事長、砂田重政総務会長、塚田十一郎政調会長の間で調整が行われ、低所得者に対して消費者米価の据置をする二重価格制の方針を決定したが、河野派や大野派の反対により、予算案をめぐる政府・党内の調整は難航した[205]。

復活折衝の間、運輸省は利子補給制度の継続を目指して大蔵省と交渉を続けたが、依然ゼロ査定のままであった[206]。こうした結果は、船主協会の反発を引き起こした。船主協会は、財政資金額の引き上げとともに、利子補給制度について、「利子補給や利子猶予は海運国際競争力を強化するため金利水準を国際水準に引き下げるための措置で、国際金利水準が上がるか国内金利水準が下がった場合ならともかく、海運市況のごとき一時的現象によって左右されるべきではない」として、その存続を要望した[207]。運輸省も要望を受けて引き続き復活要求をした。ところが運輸省と大蔵省の折衝が続くなかで、利子補給の停止と財政資金の増加が結びつき、停止を受け入れる代わりに財政資金の増加を目指す主張が業界側から現れ始めた。この点について、菊池正次郎（日本郵船）は次のようにいう[208]。

今や自分ら体力は十分についたから利子補給は要らないと考えた。論点としてはこの際利子補給をやめるか、財政資金を増やして計画造船の枠を広げるかと、こういうオプションだったわけですね。自分らは体力あるから新造船の枠だけ増やしてほしい、その代わり利補は要りませんという主張でした。

もっともこうした主張は日本郵船のような大手海運会社や建造意欲の高い海運会社が中心であり、業界全体としてはあくまで利子補給制度を存続させたい意向であった。しかしながら、池田蔵相は、船主協会に対して利子補給制度の停止の働きかけを強めていった。船主協会の会長であった山縣勝見は、経緯についてこう語っている。[209]

ちょうど予算編成のときだったろうと思うんです。（中略）ある日ですね、池田さんの信濃町の家へ行った時、池田さんが「実は頼みがあるんだ」という。それで「なんですか」と聞くと、「いや利子補給の問題だけれども、造船疑獄の後で非常に状況が悪い。海運の増強に対しては自分は最大の努力をするつもりだが、しかし、すでにスエズブームで海運界も良くなって配当もしている。それでこの際一応利子補給は君の方から辞退してくれぬか」という。

それで私は「しかし利子補給は、そういうことに関係なく日本の海運の再建のために必要だ」といったら、「それはわかっている。しかし、政治的に予算編成ということになってくると政治的問題はまた別だ。したがって、このさい海運界が好調だから、一応辛棒して利子補給を辞退することにしてくれると、今後かえってやりやすくなるから、ぜひここはひとつ我慢してくれ」と

いう。（中略）

最後に池田さんは「われわれはより良くしようとするための、一つの政治的な配慮でやっているんだから、ぜひ承知してくれ、そうせんとどうしても予算編成できない」という。あとどうするんだといったら、そのかわり、もしも無配になるとかしたら必ず、これは自分が責任もって復活するという。（中略）それで私もついに認めたんです。

山縣の回顧は、再開を前提して利子補給制度の停止を受け入れたことが窺える。他方で、予算編成を主導する池田蔵相にとって、米価の値上げ問題で予算案の調整が難航していたため、党内の調整が必要となる争点をこれ以上抱え込むことは回避したかったものと考えられよう。業界側の決定を受けて運輸省は一月二二日に五〇億円増加の一五〇億円を提示し、宮澤胤勇運輸相と池田蔵相との政治折衝に持ち込まれた。折衝の結果、二六日の閣議で財政資金を一八〇億円とすることが決定された。併せて開銀予備費を別途に二〇億円考慮するとされた[210]。予備費を含めれば二〇〇億円となり、財政資金については、当初の金額要求を事実上達成することを意味した。懸案となっていた米価問題は一月二六日に自民党総務会で米価の据置きが全会一致で了承され、食糧管理会計の赤字は借入金で賄うことで決着し、予算案は決定された[211]。

この決定をもとに、運輸省は二〇〇億円をもとにした四〇万総トンの建造に修正するとともに、一八〇億円の場合の三四万総トンの計画を併せて策定した[212]。四〇万総トンの場合の建造量は、定期船一〇万総トン、不定期船一二万総トン、油槽船七万八〇〇〇総トンであった。三四万総トンの場合は、定期船一八万総トン、不定期船一〇万総トン、油槽船六万総トンとした。また財政資金の融資比率は、定期船五〇％、不定期船（大型）と油槽船二五％、不定期船（中型）三五％とした[213]。

財政資金の配分を決定した後、一九五七年三月四日に宮澤運輸相が海運造船合理化審議会に「日本開発銀行融資による昭和三二年度新造船計画の実施にあたり考慮すべき海運政策上の基準について」を諮問した。審議会では計画造船からオーナーを排除するかどうかが問題となった。運輸省はオーナーを外す方針であり、審議会でも土屋清（朝日新聞論説委員）や脇村義太郎（東京大学教授）らがオーナー排除論を主張した。脇村は、以前から計画造船の「総花主義」を批判しており、オペレーター重視の立場をとった[214]。ところがオーナー排除論は船主協会会長の山縣が押し切り、結局オペレーターを優先考慮するとして、不定期船と輸送船についてオーナーにも一部の枠が与えられることになった[215]。オーナーたちが排除されれば船主協会を脱退するとした圧力の反映であった。また、審議会では民間金融機関側から民間資金の確保が困難なことが伝えられ、自己資金の比重を高めることが要望されている。この要望について民間金融機関側は、第一三次の総船価五九六億五〇〇〇万円のうち、四割にあたる二三八億円を融資限度としたため、当初の民間資金の予定とされた三〇九億円を下回ることになり、海運業者の建造負担が増加することになった[216]。海運業者側と民間金融機関側の要望を受けつつ、かくして答申書は三月一二日に提出された。

答申書に基づき、運輸省は三月一四日に応募要領を発表し、一五日から公募を開始した。この要領では新しく申込みについて、「本要領により船舶の建造を希望する者は、三月十五日から四月三日午後五時までに運輸省（海運局）に対して、日本開発銀行の融資に対する推せん依頼の申込を行う」ことが付け加えられた。[217] 従来は運輸省と開銀に同時に融資の申込みをしていたものの、今回から運輸省への推薦依頼の申込みへと変更された。これは、選考の方式が運輸省と開銀がそれぞれ審査し調整する形式を改め、運輸省が適格船主を開銀に推薦して開銀が審査・決定する方式となり、最終的な決定権が開銀になることを意味した。

ただ、公募期間の間に船価の問題が生じた。船価は、前述したように試案の第一二次船からの八％高から審議会による一〇％高への変更となったものの、鋼材やその他の資材の値上がりから、応募期になって造船工業会が三五％高を主張した。[218] これを受け入れた場合、建造量が大きく変更されるため、運輸省は対応に苦慮した。また、船価高騰を受けて与党であった自民党から、三月二八日にオーナーを計画造船に割り当てさせないことと同時に、二〇％以上の値上がりをしたものは認めないとする意向が運輸省側に伝えられた。[219] 運輸省は、自民党側の意向に配慮して建造申込みの際に、資材価格が上がった場合に船価を引き上げるとしたスライド条項を設けて対応するとともに、引き続き低減に努め、審査の途中で船価を引き下げる場合があると発表した。[220] こうした混乱を経て公募は、四月三日に締め切られた。応募は、合計四五社、六九隻、六〇万一〇〇〇総トンであった。[221] 応募の倍率は全体平均で一・五倍と第一二次の二・四倍に比べて低くなった。背景には、不定期船のオペレーター優先によって応募を見合わせたオーナーがいたこと、年度内進水の空船台がないという造船所事情から見送ったことによるものであった[222]。だが応募において見過ごすことができないのは、不定期船（中型）に応募した海運業者が、この船種で初めて計画造船に応募した業者で占められたことであった[223]。このことは、前述した自民党政調会交通部会の配慮には、海運業者らの「運動」が背景にあったと考えられる[224]。

運輸省側は、船舶局が中心となって四月一一日から第一二次船との換算価格を調査し、第一二次船と第一三次船を同じ事情で考えた場合、値上がり幅は二割程度であることを理由に自民党側に了解を求める準備を進めた[225]。五月八日に、山下正雄船舶局長が船価事情について自民党側に説明した。この結果、九日に不定期船と油槽船はそのまま了解とされたものの、定期船については一六ノット以上の高速船が高過ぎるとして、低船価申請であった大同海運を除き、一律に船価を三％引き下げることで了解を得ることになった[226]。運輸省は海運・造船業界に船価の低減を要望し、五月二〇日に改訂価格が揃い、船価の問題は解決した。

運輸省は審査を進め、五月三〇日に定期船一〇社、二〇隻、一八万八〇〇〇総トン、不定期船（大型）一四社、一四隻、一二万五〇〇〇総トン、不定期船（中型）九社、九隻、三万総トン、油槽船四社、四隻、七万四〇〇〇総トンの合計三七社、四七隻、四一万八〇〇〇総トンを適格船主として開銀に連絡した。開銀は、推薦船主について資産信用力の点から審査し、中型船の一部を除いてそのまま適格とした。中型船の申請をしていた神港商船、嶋谷汽船の二社、二隻から一隻を選ぶ点について資産信用力上優劣をつけ難いことを理由に運輸省と協議し、抽選で決めることに決定した[227]。七月五日に抽選が実施され、神港商船に決まった。この結果をもとに開銀は運輸省に適格船主を連絡、運輸省は七日に結果を公表した。かくして利子補給制度の停止と引き換えに、合計建造量四一万四〇〇〇総トンとする過去最高の建造量を示す、第一三次計画造船が決定したのである。

以上のように、造船疑獄によって計画造船は継続危機を迎えた。大蔵省の巻き返しによる利子補給制度の停止に対し、運輸省と海運業はその制度を計画造船から切り離すことを引き換えにすることで、政策の維持に成功した。造船疑獄後の危機的状況のなかでも、海運業・造船業にとって計画造船の継続が模索された意義は大きいだろう。なぜなら、計画造船の実施は市場の好不況にかかわらず一定の建造量を保証するものであり、これまで繰り返し確認してきたように、リスクの高い船舶金融に難色を示す民間金融機関に融資を促す働きをもっていたからである。これ以降、政策目的が変容することはあっても、計画造船自体は存続したことに鑑みれば、計画造船は政策の継続危機を経てここに制度的定着を迎えたのである[228]。

小括

本章は、占領終結後の開銀方式における第九次から第一三次までの計画造船の政策過程を検討してきた。前章で確認した海議連の海運政策に対する介入行動は、占領終結前後から活発化し、さらに白由党と改進党の政治的対立状況の影響を受けながら、利子補給制度や損失補償制度といった計画造船に対する優遇制度の創設へとつながった。この「議員・政党の介入」の帰結は、計画造船の政策過程が極めて政治化したということである。

確かに見返資金方式の計画造船の段階で、政策実施の見通しに対する不透明性が高まるたびに、政治的解決は必要とされてきた。しかしながら、利子補給制度や損失補償制度は、計画造船の実施条件の障壁を下げるものであり、その政策過程の全体を大きく変えるものであった。さらに政治状況の影響を受けて利子補給制度がより助成的となったことは、運輸省にとって政策が自らの統制可能な範囲から逸脱していったことを意味する。

他方で、運輸省は開銀方式においても「非難回避」の方策を模索していた。開銀が審査に加わったことは、審査の公平性のみならず、審査を共有することで非難を回避する狙いがあったと考えられる。これは非難回避戦略の「協働」に該当しよう。開銀の審査が加わることにより、運輸省の審査のみで生じる非難を転嫁する余地が生まれる。従来の方式に比べ、開銀方式の審査業務は「群衆行動」の様相を帯びたのである。開銀方式は、非難の可能性をあらかじめ織り込んだ、事前の「非難回避」による運輸省の防衛的戦略を示すものといえる。

こうした運輸省の「政策継続戦略」の模索にもかかわらず、造船疑獄が生じたことにより、計画造船と利子補給制度自体に疑問が投げかけられ、その継続は極めて不安定なものになってしまったのである。計画造船の継続を模索してきた運輸省にとって、最大の非難に直面したといっても過言ではない。この時期の海運市況の好況は、海運業界が建造負担の増加に耐えることが可能となり、計画造船を継続しやすい環境ではあった。しかしながら、海運業界の建造意欲が過熱化することにもつながり、利子補給制度の存続をめぐって運輸省と大蔵省の対立を顕在化させたのである。大蔵省は利子補給制度に否定的であり、その適用は第一三次計画造船から停止するに至った。第一三次計画造船では、財政資金を引き上げる代わりに利子補給が停止されたものの、船主協会は再び不況を迎えた場合にこれを復活させることを前提に停止を受け入れている。このため計画造船の存続を成功させつつ、利子補給再開の途は残されたといえよう。

また造船疑獄は、「議員・政党の介入」の質的変容をもたらした。第一三次計画造船では、自民党政調会の交通部会を通じた新たな介入がみられたことである。もっとも、この政治的介入の仕方は、利子補給制度の成立時に比べれば、主に不定期船の建造を確保するにとどまり、個別的なものにとどまっている。仮に利子補給制度の成立時のような積極的な介入が可能であれば、少なくとも利子補給制度の停止には至らなかったであろう。この意味で政調会を通じた個別的な介入は、「局所化」されたものであったといえる。造船疑獄の記憶が生々しく残る以上、こうした限定的な介入をとらざるをえなかったのではないかと考える。そうであるならば、一九五〇年代後半に計画造船が制度的定着を迎えたことは、政治的な推進力となる「運動」に対して、審議会や開銀を通じて「運動」と非難を抑制するという対抗関係に一種の均衡が成立したことを意味するものだったのである。

第4章

高度経済成長期のなかの計画造船

——制度的定着後の政治的再活性化

第一節　計画造船の質的変容

(1) 制度的定着後の第一四次計画造船

一九五七年度の第一三次計画造船は、利子補給制度の停止と引き換えに財政資金を増大させるという政治的妥協の結果、ようやく成立をみた。しかしながら、第一三次計画造船を実施していくさなか、スエズ・ブームは終息し、一九五七年五月に入る頃には海運市況は次第に悪化し始めていた[1]。海運業界の経営状態の悪化を背景に、一九五八年度の第一四次計画造船は、早くも実施の難航が予想されたのである。この意味で計画造船は政策自体の制度的定着を迎えたとはいえ、依然としてどのように実施していくかという課題は毎回抱えていたのである。

一九五七年八月一四日に運輸省は、従来のように第一四次計画造船の策定も海運造船合理化審議会に諮り進めることにした。諮問事項は、「今後における船腹の拡充ならびに海運企業経営基盤の強化に関する方策」である。海運小委員会が設置され、運輸省の提出資料「昭和三十五年度日本外航海運の見通し」に示された五〇万総トン（定期船一五万総トン、不定期船一〇万総トン、油槽船二五万総トン）の建造目標に沿って、第一四次計画造船の建造量および建造資金が検討された。この検討の結果、九月三日に基準船価を第一三次の船価と比較して一五％減とし、所要財政資金三〇七億二〇〇〇万円（一三次船の継続分を含む）、財政資金融資比率を定期船八割、不定期船および油槽船七割とする合計三五万総トンの運輸省案が提示された[2]。三五万総トンの内訳は、定期船一五万総トン、不定期船八万総トン、油槽船一二万総トンであり、定期船の一五総トンの建造量は維持されている。

だが、造船業界は基準船価の価格設定に対して不満であった[3]。また所要民間資金は八一億七〇〇〇万円となるが、民間金融機関側は総建造費資金の一割程度の融資しかできないとして難色を示していた。運輸省は、開発銀行の財政資金を通して既存の計画造船に対する民間金融機関からの融資を償還するアイディアをもって、民間金融機関との調整を模索した。もっとも大蔵省は肩替り計画ともいうべき同案に対して否定的な態度をとった[4]。

一一月に入り運輸省は、民間金融機関への償還支援を見込んだうえで所要財政資金を二七四億円に修正し、三五万総トンの建造量を承認した海運造船合理化審議会の答申に沿って大蔵省への予算要求を行うことになる。大蔵省は、一九五八年一月一〇日に財政資金一六〇億円、建造量一八万五〇〇〇総トンと査定した。以後の折衝により、一月二〇日までに財政資金は一八〇億円、建造量二五万総トンまで積み上げられた。この予算折衝過程では、第一四次計画造船に関する運輸省と開発銀行の要求金額が異なるという両組織の調整不足が露呈したという[5]。数回にわたる増額折衝を経て財政資金枠が決定したことにより、定期船一一万五〇〇〇総トン、不定期船四万五〇〇〇総トン、油槽船九万総トンの合計二五万総トン、財政資金融資比率を定期船六割、不定期船五割、油槽船四割にし、基準船価を二〇%減とする、運輸省の実施計画が確定した[6]。

　他方、運輸省の提示した肩替り計画案も、大蔵省は最終的には妥協し、三月三一日には日本興業銀行と日本長期信用銀行による一〇〇億円（海運六〇億円、鉄鋼四〇億円）の興長銀債買上げが決定する[7]。とはいえ、依然として金融逼迫に直面する民間金融機関側は融資に消極的であり、計画造船をいかにして実施していくかは予断を許さない状況であった。

　こうした状況が大きく転換するのは、一九五八年七月に通商産業省が運輸省に対して第一四次計画造船における鉱石専用船建造を申し入れたことである。通産省の申し入れの背景には、鉄鋼価格が安価になっている現状を利用して専用船を大量に建造し、長期契約による運賃の安定化を実現することによって、鉄鋼価格を長期的に安定させる狙いがあった。通産省は海運業界と鉄鋼業界の共同出資による専用船保有会社案まで踏み込んで提示したことにより、運輸省は難色を示すことになる[8]。通産省の案は運輸省の権限に介入するものであり、計画造船の手続きの根幹に関わる以上、運輸省の姿勢は当然ともいえた。

だが、永野護運輸相は、計画建造量の確保をするための方策として鉄鋼業界の信用供与を利用した民間金融機関側の融資同意を図るべく、鉱石専用船の実現を模索する[9]。運輸省が計画造船の修正作業を進めるさなか、八月一五日に海運業界と鉄鋼業界の調整の場が設けられた。この場で、鉄鋼業界は鉱石専用船の海運会社との共有方式を提示したことにより、建造から保有、運航まで海運業自身が担うべきであるとする海運業界との対立は却って深まることになる[10]。これを受けて運輸省は、共有方式を第一四次計画造船のみとし、今後の方式は改めて検討すること、また船価の五割を鉄鋼側が民間融資で負担し、残りを海運側が財政資金で負担とするという構想を提示し、双方の調整を試みた。鉄鋼業界側が船価負担の配分に対しては反対したものの、運輸省が開銀と調整のうえで連帯債務方式を改めて提示したことで、鉄鋼業界の同意を得ることに成功する[11]。かくして、九月には鉱石専用船建造をめぐる運輸省と通産省の利害調整は決着するに至った[12]。

運輸省は通産省・鉄鋼業界側との調整作業を進めつつ、建造計画を改訂したうえで民間金融機関側にも協調融資の同意を得るべく働きかけていた。ところが八月二一日に、全銀協は第一四次計画造船に対する協調融資の結論を出せず、先送りすることを表明する[13]。この決定の背景には、民間金融機関側が利子補給の復活を協調融資に応じる条件として暗黙のうちに求めていたことがある[14]。経団連の支持も得て運輸省は利子補給制度の復活を模索するものの、政治的支持を得ることは困難であった[15]。官房長（一九五八年一二月に海運局長）であった朝田静夫は、当時の状況を次のように述懐している[16]。

スエズ動乱の後に景気がよくなって、利子補給が一時停止されていた時期がありました。それから市況が段々悪くなってきたものだから、利子補給を復活しなければならないと考えましていろいろ陳情に回りましたが、先生方は疑獄の後遺症があって、さわりたがらないですね。（中略）佐藤栄作さんが大蔵大臣でしたか、利子補給と聞いただけでもね、いやだと云う話が伝わって来まして、とてもこれは実現の見込みはないと、皆さんがそういう見方をしておりました。

利子補給制度の復活も難しく、第一四次計画造船の遅延が現実味を帯びるなか、永野運輸相は佐藤栄作蔵相との交渉により、状況の打開を図り始める。これを受けて大蔵省は、一〇月二日に全銀協に対して民間金融機関側の負担軽減を盛り込んだ斡旋案を提示した[17]。全銀協が大蔵省の斡旋案に同意したことで、第一四次計画造船の協調融資問題も解決をみたのである。

一〇月一三日、運輸省は財政資金比率を定期船九割、不定期船八割、鉱石専用船五割という案を決定し、同月一七日に海運造船合理化審議会に選定基準を諮問した[18]。審議会の答申は、定期船をオペレーターに限定すること、鉱石専用船は共有関係を明確にすること、海運業の「企業合理化」の努力への考慮などが記された[19]。一〇月二三日に公募は開始され、一一月一一日に締め切られている。応募結果は、六六隻、約五九万総トンとなり、隻数でいえば約二・六倍の競争率となった[20]。

適格船主の選定において従来と異なり、運輸省は、海運造船合理化審議会に海運企業合理化審査会を設けて、ここでの審査結果を重視するという手続きを採用した。一一月に二回専門部会を開催し、応募会社の実情を審査していった。一二月一二日に運輸省に審査会の審査結果が伝えられると、同月二〇日に運輸省は適格船主二二社、二五隻、約二五万七〇〇〇総トンを公表した。[21] この選定結果は、鉱石専用船が新たに五隻割り当てられたことが注目されるものの、中型不定期船において自民党側の要請により三隻増加となったことも看過できないであろう。[22]

(2) 海運業の経営合理化という課題

第一四次計画造船の実施見通しが難航する一九五八年八月、運輸省は第一五次計画造船についても準備を進めていた。同月二九日に二八万総トンの建造計画案が策定されたものの、具体的な進展は第一四次計画造船の協調融資問題が決着する一〇月まで待たなければならなかった。[23] 一〇月二一日、運輸省は計画造船の再検討を求めて海運造船合理化審議会に諮問した。一二月八日に審議会から提出された答申は、注目すべき提言が含まれている。第一に、利子補給制度の復活が提示されたことである。答申では、「海運企業の実情に鑑み、その前提としては、さきに当審議会が答申した「海運企業基盤強化方策」の趣旨に基き、海運企業の経営の合理化に対する自主的努力が実行に移され、海運企業相互間の協調態勢が確立され、利子補給（損失補償を含む。）等の海運助成策が必ず実現せられるべきである」と、利子補給制度の復活の必要性が明記されている。[24]

第二に、計画造船の改革案が提示されていることである。答申は、次のように述べている。[25]

従来、財政資金による新造船計画を実施する場合は、運輸省が、あらかじめ船種別建造量及び財政融資比率を決定公表の上、船主公募を行い、日本開発銀行に適格船主を推せんする所謂「計画造船」の方式によってきた。しかし、今後は、この方式を、企業側の申出により日本開発銀行と市中金融機関とが緊密な連繋をとり金融的判断によって、建造船主に対する融資を決定する方式に改めることが、船主側の企業経営努力をより一層促進することともなり、今日においては、むしろ好ましいことである。この場合運輸省は、海運政策の大綱を決定し、これを日本開発銀行に伝達すれば足りると思われる。ただ定期船の建造については、定期船政策の円滑な実施のため、従前の方式を基本とすることが適当であると考えられる。

この構想は、不定期船や油槽船を対象に計画造船の審査方式を改革するという点で急進的なものであり、定期船重視を制度的にも一層鮮明にするものともいえる。加えて計画造船の実施と企業の経営合理化との結びつきがより強まり、計画造船における政策目的の強調点が変容しつつあった。

一二月に入ると運輸省は、財政資金をめぐる大蔵省との折衝を行い、財政資金が一八〇億円で決定される。復活を模索した利子補給制度は、見送られることになった。この経緯について翌年に作られた利子補給予算に関する資料では、運輸省は次のように理由を整理している[26]。

ロ、予算案が編成された昨年〔一九五八年〕十二月末の見透しとして、大蔵省は三十四年度予算においては、海運市況も一般的経済事情の好転に伴い上昇する公算が大きいので利子補給の復活を考慮する必要はないと主張した。（この見通しの誤りであったことは、海運市況の現況よりすれば明らかである。）

ハ、以上は事務的な理由であるが、根本的には、過去において好ましくない経緯をもつ、利子補給制度の復活は政治的に支持され難いと判断されたことに不成立の原因がある。

利子補給制度の復活という選択肢が検討されるなか、大蔵省の反対を抑えるだけの業界や議員・政党の推進力は欠いていたということになろう。財政資金の決定を受けて運輸省は、一九万総トンの建造計画をたて、民間金融機関側に融資協力を求めていった。しかしながら、利子補給制度の復活が見込めない状況のなかで、民間金融機関側は協調融資に対して第一四次の場合と同様に難色を示した。民間金融機関側は第一四次船の継続分に対する財政融資比率の引き上げを要請し、運輸省は民間側の負担緩和を行うことで、一九五九年三月に協調融資問題は決着をみたのである[27]。

とはいえ、継続分の負担緩和をしたために財政資金の枠は減少し、建造量は定期船八万五〇〇〇総トンを含む合計約一七万総トンへと縮小を余儀なくされた[28]。選定基準は、一九五九年五月一九日に海運造船合理化審議会に諮問し、六月一二日に答申が提出された。七月二五日に公募が締め切られ、四三社、四八隻、約四五万八〇〇〇総トンの応募があった[29]。答申に基づいて、定期船は運輸省と開銀が、不定期船と油槽船は開銀独自で審査を行い、合計一七社、一九隻、約一八万総トンが適格船主となった[30]。この過程で特徴的であったのは、定期船における高速船重視に加えて、不定期船と油槽船に対して開銀単独の決定が行われたことと、双方の船種にスクラップ・アンド・ビルド方式が採用された点である[31]。開銀単独による決定は、「非難回避」の性格を強めるものといえる[32]。しかしながら、これらは、海運業の競争力強化と経営合理化の実現に向けた方策に他ならなかったのである。それゆえ、第一五次計画造船は同時期に検討されていた政策の質的変容が反映されたものといえよう。

(3) 利子補給制度の復活と「企業強化計画」

第一五次計画造船の過程においてみられた海運業界に対する経営合理化の圧力は、第一六次計画造船に向けた準備にも大きな影響を与えていた。一九五九年八月に運輸省は、第一六次計画造船では従来の方式ではなく、新造船の建造と保有を公団ないし管理会社を設立して行う構想を明らかにした[33]。過去にも同様の案が繰り返しみられたこの構想は、大蔵省と開銀の双方の反対に直面することで早々に頓挫していくが、第一六次計画造船の実施には、何らかの海運補助政策が新たに必要であるという運輸省の認識は次第に強まっていった。

一九五九年一〇月二一日に運輸省は、定期船一〇万五〇〇〇総トン、財政融資比率八割、不定期船七万二〇〇〇総トン、財政融資比率五割、油槽船五万八〇〇〇総トン、財政融資比率五割の計二三万五〇〇〇総トン、所要財政資金一六五億円という第一六次計画造船の実施計画を省議で決定する[34]。この計画案がまとまったのは、同月に海運造船合理化審議会に設けられていた海運小委員会（小委員会長は、審議会会長である石川一郎）での議論が決着し、海運再建策に関する一定の方向性が示されたことが大きかった[35]。海運小委員会での議論は、一一月五日の海運造船合理化審議会の答申として結実している。

では、答申はどのような内容を有していたのか。特徴的なのは国際競争力の観点を強調しつつ、助成の必要性に言及していることである。例えば、「国民経済の成長に即応して、外航商船隊の建造を続けるためには、それが船質改善に寄与し又企業の重荷とならず、国際競争に十分耐えうるものであるための一段の配慮が払わなければならない」と、国際競争力強化の文脈が重視されている[36]。この認識のうえで、海運企業強化対策、新造船建造対策、スクラップ・アンド・ビルドなどの具体的な対策が展開されており、それらのなかで最も重要なのは、利子補給制度および損失補償制度の復活である。海運企業強化対策の文脈において、答申は政府の助成策として制度の復活を次のように挙げている[37]。

1　市中融資に関する助成
昭和三四年度までに、財政資金による建造した外航船舶の建造に係る市中融資について、現行法の規定による利子補給制度を復活する。

2　開銀融資に関する助成

昭和三四年度までに建造した外航船舶の建造に係る財政融資について三分の利子補給を行う。

3　右財政融資につき、開発銀行は事情により元本棚上を行う。

4　企業強化計画の実施に伴う資産処分については、登録税の軽減を行う。

前述したように、利子補給制度や損失補償制度に対する復活要望は、以前の計画造船の実施過程でも表出していた。しかしながら、これまでと状況が大きく異なるのは、海運業界にとどまらず、様々な方面から海運再建の構想が同時期活発に公表されていたことにある。例えば、一九五九年九月八日に経済団体連合会は、「海運強化対策の基本的問題点について」を公表し、「恒久対策としての利子補給制度の本質的重要性は諸外国の例をみても明らか」であり、「当面の応急対策として利子補給のみに止まらず一定期間債務の棚上げ等の措置をも併せ講ずる必要がある」と、利子補給制度の復活を後押ししている。[38]一〇月八日には経済同友会も、昨年秋に検討した日本船舶株式会社案（業界再編成を検討したもの）に言及しつつ、利子補給制度の活用を提言している。[39]さらに一〇月二九日に自民党政調会（運輸交通特別委員会海運小委員会）も「海運対策について」を公表し、開銀融資への適用も含めた利子補給制度の復活に言及している。[40]それゆえ、利子補給制度を取り巻く政策環境は、一九五七年の停止から約二年で大きく変化していたのである。同時に第二次岸信介改造内閣で就任した楢橋渡運輸相が、「各〔運輸〕大臣が海運の問題にあまり触れたがらない」という過去の経緯にもかかわらず、利子補給制度の復活へ向けて取り組んだことも大きかった。[41]以上の状況変化の後押しを受けて運輸省は、改めて利子補給制度の復活を具体化していくのである。

かくて大蔵省との予算折衝を経て、一九六〇年一月一三日に所要財政資金一三五億円が決定するとともに、利子補給予算が復活を果たすことになる[42]。こうした利子補給制度の復活は、自民党の支援によるところが大きいとみなされたのである[43]。この制度復活のための法改正作業では、「海運の企業合理化が足りない」ととらえていた大蔵省側は、利子補給可能な契約対象期間の明確化を意図していた[44]。しかしながら、自民党政調審議会での反対に直面し、五年間という対象期間の明示は削除され、従来の恒久法的性格は維持されることとなった[45]。国会審議では、開銀融資に対する利子補給の条文削除や当面の間、損失補償制度を適用しないといった改正点が現行法からの後退として指摘されたものの、それらの論点はすでに自民党内部で議論されてきたものを繰り返すにとどまったといえよう[46]。以上の経緯を経て三月三一日には、「外航船舶建造融資利子補給及び損失補償法」が一部改正されたのであった。

こうして「議員・政党の介入」を経て利子補給制度は復活したが、もちろん無条件に復活したわけではない。先述した審議会答申が海運企業強化対策の文脈で制度復活を言及したように、そこでは「企業強化計画」と連動していたのである。答申によれば、「企業強化計画」とは、「個々の企業の実情に即し、且つ、企業自身の努力による強化対策と政府の助成を前提として、可及的すみやかに企業として健全な姿に立ちかえることを目標」として、経費節減や資産処分から企業間の提携合併に至るまでの各種の内容に関し、政府が企業に提出を求めるものであった[47]。運輸省は、「ペーパー・プランに終わらないように」開銀や船主協会と意見調整を行いつつ[48]、提出すべき「企業強化計画」の具体的内容を固め、同年九月に利子補給対象海運会社に「企業強化計画」の提出を求めたのである[49]。

一九六〇年一〇月一日、運輸省は第一六次計画造船における定期船の公募を開始した。不定期船と油槽船は、開銀側で同日に受け付けを開始している。定期船の公募は一〇月二〇日に締め切られ、九社、一四隻、約一二万八〇〇〇総トンの応募があった。開銀も同じく二〇日に締め切り、不定期船は一一社、九隻、約一〇万八〇〇〇総トン、油槽船は四社、四隻、一一万六〇〇〇総トンとなって、競争が低調だった定期船と比較して不定期船の競争率は高かった[50]。新造船に対する償却前利益内建造方式の採用や「企業強化計画」が選定基準に加わる変更はあったものの、概ね前回と同様の方法で選定が行われ、合計一五社、一六隻、約一九万二〇〇〇総トンが決定した[51]。なお第一六次計画造船では、前回行われたスクラップ・アンド・ビルド方式が全船種に義務づけられ、その船舶の能力向上を通じた企業の経営合理化が鮮明になっている[52]。

第二節　計画造船と海運集約

(1)　第一七次計画造船の難航と政治的解決

第一六次計画造船は、「企業強化計画」と引き換えに利子補給制度を復活させることに成功した。これは、国際競争力の強化と企業再建（経営合理化）の文脈で行われたものであり、宮澤喜一が「一種の償い」と回顧したような政策の性格から変質し始めていたことを意味する。続く第一七次計画造船においても、経営合理化と連動しつつ利子補給制度の強化が模索されたのである。

一九六〇年八月二六日に運輸省は、同月二〇日に作成された「海運局重要政策要綱」に基づいて、第一七次計画造船の建造量を二五万総トン、所要財政資金一五六億円として決定する。[53]ここで特徴的なのは、次年度予算の概算要求額で利子補給予算のみならず、開銀金利を引き下げるための補給金に関する予算が盛り込まれていることである。[54]利子補給制度の復活を実現した前述の「外航船舶建造融資利子補給及び損失補償法」の一部改正では、開銀融資に対する利子補給の適用は削除されていた。それゆえ、開銀金利を引き下げるための補給金に関する予算を要求案に盛り込むことは、法律から削除されたばかりの開銀融資への利子補給制度の復活を意図することに他ならなかったのである。

一九六一年一月五日の大蔵省との折衝結果では、開銀金利の引き下げは認められなかった。運輸省は復活要求を行い、最終的には木暮武太夫運輸相と水田三喜男蔵相との大臣折衝に委ねられた。この結果として開銀金利を引き下げるための補給金に関する予算は、大幅に減少したものの認められたのである。[55]これを受けて法案作業が進められ、同年二月二日付で「外航船舶建造のために日本開発銀行の行なう融資に係る利子の補給に関する臨時措置法案要綱」が作成される。[56]要綱に示された開銀融資への利子補給の復活は、前述の民間金融機関の場合と比較して、対象期間を三年とするその限定的な性格にあった。大蔵省側との妥協結果が色濃く反映されていると考えられる。法案提出後の国会審議では、前年に開銀融資への適用に関する条文を削除した「外航船舶建造融資利子補給及び損失補償法」の改正との整合性が問われた[57]。さらに参議院運輸委員会では、「外航船舶建造利子補給制度の強化にかんがみ、政府は、海運企業に対する監督に遺憾なきを期するとともに海運企業がさらに経営の自主的合理化努力を徹底するよう指導すること」をはじめとする附帯決議が行われたことが重要である[58]。開銀融資に対する利子補給の復活は、海運業の経営合理化を一層進めることが要請されたのである。かくて五月二七日に「日本開発銀行に関する外航船舶建造融資利子補給臨時措置法」が公布されるに至った。

他方で、所要財政資金が一四〇億円に決定したことに伴い、一九六一年三月一七日に運輸省は合計二五万五〇〇〇総トンの建造計画を策定した[59]。また選定基準についても、六月二二日の海運造船合理化審議会で検討され、定期船の対象に一九ノット以上の超高速船を加えるなどの変更がみられるものの、「企業強化計画」などの基本的な条件は、前年度とほぼ同様で了承された[60]。これにより、第一七次計画造船は公募の段階に移行していくことになる。

六月二六日に運輸省は定期船の公募を、開銀は不定期船と油槽船の公募をそれぞれ開始した。公募開始後、七月下旬の締め切りに向けて、応募予定船主と造船所との間で船価交渉が行われている。この交渉では、造船工業会を中心とする造船業界は、資材や人件費のコスト上昇に伴う船価の値上げ(第一六次から一〇%以上)を主張し、船主側との調整が難航した[61]。調整に時間を要したことで、運輸省は定期船の締め切り日を七月二〇日から二四日に延長せざるをえなかった[62]。こうした延長を受け、船主側と造船業界側の交渉は、最終的に基準船価格の五、六%程度の線で妥結される[63]。

公募締め切り後の結果は、不定期船が一四社、一一隻、約一五万六〇〇〇総トン、油槽船は九社、九隻、約二九万七〇〇〇総トンの合計二三社、二〇隻、約四五万三〇〇〇総トンとなった。不定期船の応募率は、第一六次の時に比較して低下している。[64]また定期船は九社、一〇隻、約九万総トンであった。これは前述の船価交渉により応募を辞退する会社が出たため、九万二〇〇〇総トン（一〇隻）の予算枠を下回る結果となり、全応募船主が適格船主として認められることになるのである。[65]

とはいえ、定期船を含む適格船主の発表は九月であり、その公表までに時間を要した。なぜなら、第一七次計画造船の過程のさなか、追加建造の問題が争点化していたからである。一九六一年に入ると海運業界は国際経常収支の赤字が続き、赤字解消の観点からも船腹量を増やすことが喫緊の課題となっていた。また同年三月に運輸省も、池田勇人内閣の国民所得倍増計画に連動するかたちで「船舶整備五カ年計画」の第一次案を作成し、合計四〇〇万総トンの船舶建造案を示していた。[66]この計画は六月の第三次案まで修正を繰り返した後、海運造船合理化審議会に提出されている。[67]かくして「船舶整備五カ年計画」を実施していくため、運輸省は第一七次計画造船に対する追加建造を目指したのである。

一九六一年八月一五日、斎藤昇運輸相は、水田蔵相と藤山愛一郎経企庁長官に対して、二五万総トン程度の追加建造案を提示する。[68]この後、運輸省内で三〇万総トンの資金計画として整理され、運輸省と大蔵省の予算折衝が続けられるものの、大蔵省の消極的な姿勢は変わらず、大臣間の政治的解決に委ねられることになった。斎藤運輸相と水田蔵相の二度にわたる会談が行われ、九月五日に追加建造案は、当初の第一七次計画造船分を含む合計五〇万総トン以内とすること、所要財政資金は一九六一年度開銀融資の枠内で対応することで合意された。[69]この過程で追加応募分は再公募ではなく、第一七次の応募船主のなかから申請を受け付けることとなり、追加建造問題が決着されるまで適格船主の公表は見送られていたのである。

適格船主の審査は第一六次と同様の手順で進められた。九月八日に結果は公表され、定期船は九社、一〇隻、約九万総トン、不定期船が一〇社、九隻、約一四万一〇〇〇総トン、油槽船は八社、八隻、約二六万七〇〇〇総トンであり、合計二四社、二七隻、約五〇万総トンとなった[70]。追加建造によって第一七次計画造船は、当初の約二倍の建造量となったのである。さらに開銀融資に対する利子補給が復活していることに鑑みれば、第一三次以降の計画造船に対する政治的再活性化は、あたかも第九次から第一三次までの期間との類似した構図を示しつつも、第一七次において新たな節目を迎えていたといえよう[71]。

(2) 海運集約と「議員・政党の介入」

前述したように高度経済成長期のなかの計画造船は、助成制度を復活させていたものの、スクラップ・アンド・ビルド方式や「企業強化計画」のように経営合理化の性格を強めていた。こうした政策的動向とそれに対する「議員・政党の介入」の一つの到達点は、一九六二年から六四年にかけて集中的に進められた海運業をめぐる業界再編、いわゆる海運集約であろう[72]。

一九六一年一一月九日、海運造船合理化審議会は、国民所得倍増計画に基づく船舶拡充に関する答申を行った。この答申の特徴は、利子補給の強化と海運企業整備計画審議会の設置を提言していることとである。審議会の設置目的は、企業に整備計画を提出させ、計画の妥当性を認めた企業に対して開銀および民間金融機関の金利の徴収猶予の措置を設ける点にあった[73]。以上の構想を具体化するため運輸省は、一九六二年五月に「海運企業の整備に関する臨時措置法案」を国会に提出するものの、海運業界から利子の徴収猶予措置が限定的であることから政策的に不十分であるとみなされ、さらに自民党政調会は海運界のビジョンに欠けるという観点から、大蔵省に至っては過当競争下での助成効果が弱いという、各関係アクターの反対論が強まるなか廃案となっている[74]。

「海運企業の整備に関する臨時措置法案」が廃案となることで、運輸省はさらなる海運業界の経営合理化構想を練り上げる必要に迫られた。一九六二年九月二七日に運輸省は「海運対策要綱」を策定し、「個々の企業の合理化及び企業間の協調提携を推進するとともに国民経済上必要とされる船腹を建造しうる程度にまで海運企業の企業基盤を強化し、さらに、今後の新造船について、激しい国際競争に堪え得るようその負担金利を国際水準なみに引き下げることが必要である」として、海運業界の再編構想を含めたその検討を海運造船合理化審議会に委ねている[75]。

「海運対策要綱」の検討を踏まえて審議会は、政府の助成政策に対する海運業界の受入体制の強化を図る必要があるとし、海運小委員会（脇村義太郎を委員長とする、いわゆる七人委員会）を設け一一月から一二月にかけて議論を重ね、一二月四日に「海運企業の集約について」がまとめられた[76]。この「海運企業の集約について」は、主要外航海運企業を五ないし六グループ程度に集約するという急進的とも評された案であった[77]。最終的には運輸省も加わって原案を修正し、海運造船合理化審議会に提出された後、集約案を含めた海運再建構想が政府に建議されたのである。建議では、まず海運に対する状況認識について、次のような整理がなされている[78]。

然るに、わが国海運界の現状は、多数の小規模の企業が乱立し、その間に過当競争が行なわれており、そのため収益力の低下、投資力の不足を来しているので、これらの企業を集約し、過当競争を排除するとともに、企業規模の拡大による投資力の充実をはかり速やかに企業の自立態勢を確立することが目下の急務と考える。

続いて海運集約の構想は、具体的に次のように述べられている[79]。

（1）船舶の運営単位が保有量五〇万重量トン以上扱量を含めて一〇〇万重量トン以上の規模となるように企業の集約をはかる。
（2）集約は合併の形態による。但し一つの企業が他の企業の三割程度の株式を所有して企業の業務活動、人事等について統制が行なわれ一元的に運営する形態（資本支配）をとるときは合併の場合と同様と認定する。その認定は海運企業整備計画審議会において行なう。
（3）合併或は資本支配の計画は運輸大臣に提出する海運企業整備計画に記載し当該整備計画の承認があってから一年以内に実行されるべきものとする。

こうした海運集約に参加する企業に対して、利子補給の強化をはじめとする大幅な政府助成を行うことが定められていた[80]。この内容が翌年に具体化する海運集約の基本的な発想となるのである。

他方で、一〇月に自民党も政調会に海運再建懇談会（会長が灘尾弘吉であったことから、灘尾委員会とも称される）を設け、海運再建構想を検討していた[81]。当時、運輸省の事務次官であった朝田静夫によれば、海運再建懇談会は「海運族とか、運輸族というのは入れないということで、他の方に関係しておられる方でニュートラルの方ばかりで編成」されていたという[82]。一二月六日には「海運再建基本方策」としてまとめられるが、その基本的な内容は前述の審議会の建議と同様であった[83]。とはいえ、自民党の状況認識に関する前文は、次のように審議会の建議とはやや異なる論理構成をとっている[84]。

わが国海運事業は、戦前国家の保護と企業者の努力により、世界第三位の船腹量を保有し、わが国対外経済の発展と貿易外収支を通じて国際収支の向上に著しく貢献してきたが、戦争中船舶の大半喪失し、しかも戦後占領政策により戦時補償の打切り、外航活動の禁止、集中排除等により、わが国海運は諸外国の海運に比し著しく立遅れた。

その後財政資金による計画造船、利子補給等により船腹拡充に努力した結果、外交船腹量は近時戦前を上廻るに至った。

（中略）

ここにおいて、海運の国際競争力強化のため海運企業の高度の集約化と船質改善を目的として海運企業自体の自主的努力を前提とし、左の方針によりこの際わが国海運を抜本的に再建し、所得倍増計画に応じた輸出入の増大に伴う船腹増強と海運収支の改善をはかることが緊要である。

「海運再建基本方策」は、池田内閣の国民所得倍増計画との連関性を強調する点において、マクロな文脈のなかに海運集約を位置づけていたといえよう。さらに「海運再建の基本方針」として、「外航海運の再建は国際海運の自由性と企業自由の原則に則り、自由企業尊重を基本とする」とし、審議会の実践的な建議と比べて政策理念を強調していた点も指摘することが可能である[85]。

また船主協会も、一一月に業界の意見を公表し、集約化を弾力的に進めるという要望をしつつ、集約を後押ししている[86]。以上のように海運集約案は、各方面の支持を得つつ急速に現実味を帯びていくのである。

一九六二年末から年明けにかけて運輸省は、審議会の建議に基づいて海運企業の集約と利子猶予措置の実施を根拠づける法案作業に着手した。この間、予算面での実質化に向けて運輸省は大蔵省と予算折衝にも臨んでいた。当時の状況について、朝田静夫は次のように回顧している[87]。

私自身は政策決定までの過程において、自民党との調整に苦労したということ以外に、〔昭和〕三八年度の予算折衝という問題を巧く成功させないとこの画期的な政策が実を結ばないので、これに全力を挙げたということがありました。海運造船合理化審議会でも決議し、自民党の再建懇談会でも決定されたけれども、予算が果たしてつくかどうかという問題がありまして、党や財界の応援も頂いたのですけれども、折衝は何といっても運輸省の折衝力にかかっているわけです。そのときの大蔵大臣は田中角栄さんでして、私に対しても話がありまして、大蔵次官と運輸次官とが、次官同士で話し合えということでした。

海運再建懇談会のメンバーであった西村直己と山中貞則が同席するという次官同士の折衝は、最終的に予算面での実質化も成功させるに至った。また法案作業も、「海運業の再建整備に関する臨時措置法案」と「外航船舶建造融資利子補給法及び損失補償法及び日本開発銀行に関する外航船舶建造融資利子補給臨時措置法の一部を改正する法律案」という海運再建整備二法案が作成されていく。特に「海運業の再建整備に関する臨時措置法案」は、一九六三年一月二二日に運輸省と大蔵省との間で、集約の方式や自立体制の基準、利子補給の始期などの申し合わせ（「海運再建対策に関する申合せ」）が作成され、具体的な法案化の作業が進められたのであった[88]。前年に廃案となった法案名が「海運企業の整備」であったのに対し、今回の法案名が「海運業の再建整備」となったのは、海運業界全体の経営合理化がより切実な課題となっていた証左といえるだろう[89]。かくして海運再建整備二法案は、一九六三年二月八日に閣議決定されたのである。海運再建整備二法案は、衆参議院をそれぞれ通過し、一九六三年七月一日から公布施行となった。

海運再建整備二法に基づく海運会社の集約は、中核会社、傘下会社（系列会社と専属会社）による企業グループを形成するものであり、集約した会社には「整備計画」の提出を求め、それを海運企業整備計画審議会で検討の後に運輸大臣が承認する必要があった。また「整備計画」が承認された集約会社は、五年間の利子徴収猶予が適用された。また海運再建整備二法では利子補給制度も強化されており、開銀融資に対して年四％、民間融資には年六％へと引き上げられ、利子補給期間も従来より延長されている。(90)

実際の海運企業の集約過程において企業同士の集約案は、紆余曲折を辿った。企業間の集約の構想は、例えば開銀が大阪商船を中心とした関西での海運企業集団化構想を主導するなど法案成立以前から動き出していたこともあり、一九六三年一月の段階で六グループ集約案が具体化する。(91) しかしながら、山下汽船と新日本汽船、日本油槽船と日産汽船といった一部のグループを除き各海運会社は合併作業に慎重であり、法案成立後に設置された海運企業整備計画審議会（植村甲午郎会長）が海運再建整備二法の厳格な運用を表明することになる。一九六三年七月に発表されたいわゆる植村談話は、次のように海運集約の原則を確認している。(92)

海運業としては、このさい企業の集約について法律の目的に徹した具体的計画を早急に樹立すべきである。すなわち将来にわたり国民経済における海運の使命を遂行するため、わが国の海運業全体の再建整備をはかるという根本理念が、集約の具体化の過程に充分生かされねばならない。

この見地から法律に定める集約を行なうに当たっては、中核会社の合併にさいし相手となるべき会社はたんに船舶運航事業者としての資格を有することをもって足るものではなく、少なくとも従来運航主力会社および油送船主力会社と称されているものの範囲に限られるが、さらにその合併によってわが国海運業の過当競争が排除され国際競争力が強化される点で、その効果を確認できるものでなければならない。

この後、一二月二〇日の「整備計画」提出期限に向けて海運企業整備計画審議会が決定した中核会社候補の海運会社を中心に、会社間の交渉状況や社歴、資産内容に基づいて五グループ集約案が有力案となる[93]。五グループのうち一部のグループで再整理が行われ、最終的に日本郵船グループ、大阪商船三井船舶グループ、川崎汽船グループ、山下新日本汽船グループ、ジャパンライングループ、昭和海運グループの六グループが一九六四年五月三〇日までに「整備計画」に基づいて集約を完了したのであった。この海運集約により、日本の外航船腹量の約九割が六グループによって占められたのである[94]。また第一九次以後の計画造船も、海運集約に参加した企業以外は対象外となったのである[95]。

後年、朝田静夫は海運集約の意義を次のように振り返っている[96]。

結果論になりますけれど成功だったと思います。そのまま放っておけばどうだったかと考えますと、通産省に重要産業振興法案というのが、あえなく戦死して、私共が最初出した法案と同じように捲土重来やるかと思っていたらやれなかった。（中略）あの時機をのがしたら情勢が変わって、独禁法の考え方も強くなり、公正取引委員会の立場も、前のようなものではなくて、強化されてきておりましたから、うまくいったかどうか、わからないと思いますが、ちょうどいいタイミングで思い切った、少々のことでは、なかなか海運は救済できませんでしたから、世界に例を見ない海運助成策が実現しよくもこんなものができたものだと今ごろになって思い出したりしています。

この朝田の回顧においてとりわけ重要なのは、海運集約の政策的妥当性に対する評価ではなく、むしろ通産省の「重要産業振興法案」すなわち同時期に立法化作業が行われていた「特定産業振興臨時措置法案」を指していると考えられるが、それと対比して言及していることであろう。通産省の産業政策史において有名な「特定産業振興臨時措置法案」（「特振法案」）は、国際競争力を高める観点から自動車産業などの特定産業の合理化を目的とし、一九六三年から六四年にかけて三度国会に提出されながら、関係業界からの広範な支持が得られず、審議未了・廃案となった法案である[97]。この通産省の「特振法案」と運輸省の海運集約との明暗が分かれたのは、「特振法案」の根幹にある「官民協調方式」が新たな官僚統制と受け取られた手法上の問題に加えて、業界側の推進力の違いや「議員・政党の介入」の存在が大きいと考えられる[98]。確かに海運業界のなかには海運集約の実態は、金融機関側の要望が色濃いものであったとして消極的に評する意見がないわけではない。[99]しかしながら、海運集約の構想が計画造船の継続や利子補給制度の復活などと緊密に連関して具体化してきたことに鑑みれば、前述したように海運業界側の推進力の高さは明らかであったといえる。

かくて海運集約により海運業の経営合理化が進み、計画造船の存立基盤は一層強固になったようにみえた。集約後最初の九月期決算において各社の業績回復が進み、日本郵船や川崎汽船は一年後の配当復活さえ期待されたのである。[100]景気の好況も後押しし、一九六四年度の第二〇次計画造船は約一二一万総トン、一九六五年度の第二一次計画造船は約一八三万総トンと建造量が急激に増加したのであった。[101]やがて時限的措置であった海運再建整備二法に伴う利子補給制度の継続の要請や助成をめぐる集約企業と非集約企業との対立といった政策的争点が顕在化するものの、海運業界と計画造船は、少なくとも一九七三年の石油危機まで「黄金の一〇年」を享受したといえよう。[102]以上の状況に鑑みるとき、一九七〇年代後半に米田冨士雄が、亡くなる直前に企画された座談会において、次のように計画造船の来し方行く末について評したことは重要である。[103]

それで、よく計画造船なんてもう必要ないなんていう人がいますね。（中略）しかし、こういうものは一ぺん止めたらもうだめですよ。簡単に止めてしまうべきものではないのです。とにかく先輩が苦心してつくりあげたものは、先輩の遺産として、これからの人は、ぜひとも守っていって欲しいと思いますね。

前章でも言及したように、造船疑獄後に日本船主協会理事長となった米田は、逓信省出身と第五高等学校（旧制五高）卒業という二つの経歴を背景にしながら、高度経済成長期の海運政策の活性化のために陳情活動を精力的にこなした人物である[104]。彼の述懐は、計画造船を継続することを固守してきた運輸省の足跡を象徴するものであり、こうした計画造船における運輸省の「政策継続戦略」は、海運業における繁栄の時代から低迷の時代を経て、一九八〇年代後半まで今暫く続くことになるのである。

小括

本章は、一九六〇年代前半までの高度経済成長期前半を対象に第一四次から第一七次までの計画造船の過程と、その継続的な実施の確保と緊密に結びついていた海運集約の過程を検討してきた。この時期の特徴は、主に三点に整理できよう。第一の特徴は、計画造船の手続きにおいて開銀側に委ねる範囲が拡大したことである。前章と同様に計画造船は開銀方式であったが、運輸省は定期船の審査に限定し、不定期船と油槽船の審査を開銀が担うことによって、審査における公平性や金融の観点からの合理性を確保する側面をさらに強めたのである。これは、「協働」の深化による「非難回避」の対応の精緻化ともいえる。

第二の特徴は、計画造船の性格に質的な変容がみられることである。元来、計画造船は、海運業界に対する戦後の復興策という救済的な性格が強かった。しかしながら、スエズ・ブーム後の不況下では、計画造船を実施する際に、単なる復興というよりもむしろ経営合理化の側面が強調されるようになる。利子補給制度の復活や強化も、「企業強化計画」や海運集約と一体となっていたように、経営合理化を促進する文脈で実現するに至った。このような文脈の背景には、海運業界が経済成長を牽引し、国際収支を改善する基盤産業であることから、建て直しが求められていたためであった。かつての造船疑獄とその要因となった助成制度の記憶は、計画造船や助成を実施するにあたり、海運業界への自助努力の促進を前提とするようになっていたのである。こうして運輸省の「政策継続戦略」も、計画造船と海運企業の経営合理化を連動させて展開していった。

第三の特徴は、海運企業の経営合理化の側面が強調されることによって、「議員・政党の介入」が次第に再活性化したことである。造船疑獄の記憶が色濃く残る一九五〇年代後半は、計画造船の制度的定着を実現したとはいえ、どのように実施していくかという政策環境は未だ厳しいものであった。スエズ・ブーム後の不況下でも、助成制度の復活は容易に実現しなかった。しかしながら、様々な方面から海運再建の構想が公表されていくことで、次第に利子補給制度の復活と海運企業の経営合理化が緊密に結びついていった。このような状況下で自民党も再建策を打ち出し、政策介入をしていったのである。

とはいえ、前章でも言及したように「議員・政党の介入」の実態は、自民党政権成立以前とは大きく異なっていた。政党再編が一定の落ち着きをみたことで、「議員・政党の介入」の中心地は自民党、とりわけ政調会へと移行し始めていたのである。本章で触れた一九五九年末の各方面からの海運再建構想が噴出する際、確かに社会党も海運再建の構想を披露していたが、政権を握っていない以上、党派を超えた政策的必要性を主張する意味をもちえても、自民党の構想と比較すれば実現性は乏しかった。[105]それゆえ、運輸省も、時に自民党側の要求に翻弄されながらも、とりわけ政調会で合意を得ることに傾注するようになる。例えば、一九六三年二月二日付の「海運業の再建整備に関する臨時措置法案」の資料には、二月四日の下に政調審議会で保留されたことがメモ書きで記されている。[106]結果として、二月五日に閣議決定を予定したものが、自民党内部の意思決定を待って同月八日に変更せざるをえなかった。[107]ここに自民党（政党）と運輸省（官僚制）の政策決定過程の制度化した一端を看取することができよう。[108]

かくして本章でみられた計画造船における「議員・政党の介入」の再活性化は、海運業界が抱いた危機意識とは別にして、造船疑獄前の流動性の高さと比較すれば安定した政策過程のなかで進行していったといえるのである。

終　章

計画造船における政党と官僚制

本書は、政策史研究の観点から、一九五〇年代を中心にその前後の時期も含めた計画造船の政策過程を考察してきた。具体的には第一七次計画造船までの政策過程を扱ったが、海運集約直後を含め実際に行われた計画造船の実績は、次の表のとおりとなっている（表終-1）。ここまでの計画造船の歴史分析を行うにあたり、産業政策論の検討から出発して分析視角の設定を行い、新たに「議員・政党の介入」と「非難回避」の視角を導入したのは、繰り返される計画造船のなかにみられる運輸省の「政策継続戦略」に着目するためであった。こうした分析視角によって、計画造船の政策史的意義や戦後日本の政策過程の原像をどのように描き出すことができたのか。終章は、各章の歴史分析を踏まえつつ、本書の意義や残された課題を明らかにしたい。

本書の歴史分析の狙いは、各計画造船の詳細な政策過程以上に、むしろ計画造船の政策過程が繰り

表 終-1　計画造船の建造量および融資状況

		建造量						建造資金		
		貨物船		油槽船		合計		財政	民間	総額
年度	次期	隻	G/T	隻	G/T	隻	G/T			
1947	1－2	51	78,308	－	－	51	78,308	4,132	1,143	5,275
1948	3－4	36	94,900	－	－	36	94,900	4,592	4,223	8,815
1949	5	36	202,740	6	72,000	42	274,740	10,971	10,913	21,884
1950	6	33	217,750	2	25,000	35	242,750	13,217	8,905	22,122
1951	7	43	307,930	5	66,200	48	374,130	22,275	30,298	52,573
1952	8	29	198,900	7	94,400	36	293,300	13,492	29,568	43,060
1953	9	32	248,360	5	64,000	37	312,360	26,683	17,817	44,500
1954	10	19	154,470	－	－	19	154,470	15,945	2,475	18,420
1955	11	16	129,645	3	53,920	19	183,565	15,233	3,808	19,041
1956	12	29	233,440	5	81,000	34	314,440	13,562	22,212	35,774
1957	13	42	340,275	4	74,400	46	414,675	22,146	41,149	63,295
1958	14	21	155,730	4	101,500	25	257,230	19,903	7,208	27,111
1959	15	18	155,185	1	25,100	19	180,285	14,025	5,867	19,892
1960	16	14	133,940	2	57,800	16	191,740	13,328	6,018	19,346
1961	17	19	230,770	8	267,100	27	497,870	22,277	18,663	40,940
1962	18	7	160,950	6	231,700	13	392,650	18,176	7,610	25,786
1963	19	9	130,170	9	436,800	18	566,970	26,143	7,893	34,036
1964	20	26	482,490	15	726,800	41	1,209,290	55,319	15,874	71,193
1965	21	48	1,014,950	17	810,450	65	1,825,400	85,032	25,804	110,836

出典）海事産業研究所『日本海運戦後助成史』（運輸省、1967年）245頁をもとに、筆者一部修正。

註）建造資金の単位は、千円。なお、同書による補足は次のとおりである。建造資金の財政欄の金額には財政肩替り融資を含み、民間欄の金額からは肩替り額が除かれている。第１次～第４次の財政には旧公団持分と復金融資額を含む。第12次以降の民間資金は自己資金延払を含む。貨物船にはLPG船を含む。

返されるなかで生じる政治と行政の交錯過程を叙述することにあった。換言すれば、政治の論理と行政の論理が、計画造船の政策過程上でいかに制度化していったのかを明らかにすることである。第2章は、占領期の計画造船の政策過程を扱った。終戦後、多くの船舶を焼失した海運業の復興のために計画造船が開始されたが、計画造船が続けられると海運業界の建造熱は高まり、次第に船主選定における「運動」の弊害がみられるようになる。運輸省は、船主選定方法における公平性や合理性の確保を模索し、見返資金方式において審議会を活用した計画造船の手続的制度化を確立するに至った。しかしながら、計画造船を安定的に継続するためには、依然として「運動」の抑制が課題となった。なぜなら、「運動」は、「議員・政党の介入」を招来するからである。占領終結を目前に控え、超党派の海議連が結成されると、計画造船への政治的介入が進行し、「運動」が孕む政策に対する非難の可能性を拡大させるのである。

こうした状況を念頭に第3章は、占領終結後である一九五〇年代の計画造船の政策過程を検討した。前章で開始された精力的な「議員・政党の介入」は、占領終結直後の流動化する政界のなかで到達点を迎える。これが、自由党と改進党の政治的対立状況の影響を受けながら、計画造船の実施に対する優遇制度である利子補給制度と損失補償制度の創設へとつながったのである。新たな開銀方式においても運輸省は、開銀の審査を加えるなど船主選定方法に対する「非難回避」の方策を模索していたが、利子補給制度の創設は政策が自らの統制範囲から逸脱し始めていたことに他ならなかった。かくて造船疑獄が起こると、計画造船と利子補給制度自体に疑問が投げかけられ、その継続は極めて不安定なものとなる。最終的に計画造船を継続するために、運輸省は大蔵省の要求する利子補給制度の停止を決定せざるをえなかった。とはいえ、制度の停止と引き換えに建造量の増大に成功しており、計画造船の継続は確保された。政治と行政の交錯によって生じた「危機」を乗り越え、ここに計画造船の継続が制度的に定着することとなったのである。

第4章は、高度経済成長期前半の計画造船と海運集約の政策過程を扱った。計画造船の手続的制度化は、開銀に委ねる範囲がさらに拡大したことで、より「非難回避」の精緻化が進んだ。計画造船自体の性格にも質的な変容がみられ、海運企業の経営合理化の側面が強調されるようになっていく。計画造船の存続を動揺させた利子補給制度の復活や強化も、「企業強化計画」や海運集約と一体となり、海運業界への自助努力を前提とすることで受け入れられるようになっていたのである。こうした状況下で海運業の再建策のために「議員・政党の介入」が再活性化する。だが、この介入の態様は、造船疑獄以前のものとは大きく異なっていた。すでに政党再編を経て自民党政権下となり、政策決定過程も制度化が進んだことで、その制度化された過程に沿って介入は行われるようになっていたのである。政党間の交渉から政党内部の処理という介入の「局所化」を経て、政党と官僚制の関係性に一つの均衡がみられるようになり、その点においても計画造船の実施は、建造量の調整があるとはいえ、ルーティン的な政策の度合いを強固にしたのである。

以上の歴史分析に基づき、本書の意義は主に三つの点を挙げることができる。第一に本書は、従来の政治学・行政学研究が必ずしも十分に扱ってこなかった計画造船（海運政策）を対象として、その政策過程を明らかにしたことである。特に各計画造船を仔細に個別検討すること以上に、計画造船間の政策過程上の共通点や変容を分析することにより、占領期から一九五〇年代を経てさらに一九六〇年代前半に至る時期までを対象とした、政策（過程）の制度化への「移行」を確認することができた[1]。換言すれば、この「移行」のなかの模索こそが、高い流動性から安定化へと向かう戦後日本政治の政策過程の原像の形成過程というべきものだったのである。それゆえ計画造船という事例から、自民党政権下における政策決定過程の制度化の一端を叙述したことは、特に一九五〇年代後半から一九六〇年代前半を対象とする自民党研究や政策過程研究の蓄積とも接合するものであろう[2]。

第二に本書は、計画造船という政策の制度化の態様を明らかにするにあたり、二つの分析視角の有効性を示したことである。「議員・政党の介入」の視角が、制度や政策に対する既存秩序を流動化させ再編成を図る政党側の論理（政治の論理）を象徴するものであり、「非難回避」の視角が秩序を合理的に維持しようとする官僚制側の論理（行政の論理）を象徴するものとすれば、一つの分析視角を用いることは、政治と行政の交錯過程を顕在化させるうえで有益であった。さらに一つの分析視角は、政策をどのように存続させていくのかという運輸省の「政策継続戦略」の実態を明らかにすることが可能となった。従来の政策終了論は、終了が難しいゆえに政策が持続することに着目する議論とされがちだが、本書が対象とする一九五〇年代は流動性の高い時代であり、逆に政策の継続は不透明であった。それゆえ、政策を終了させずに、いかに政策を継続していくのかという分析視角が重要であったことを実証的に示すものでもあったといえる。

第三に、本書の歴史分析は計画造船の政策効果の妥当性を問うものではないが、産業政策論の文脈から計画造船の政策過程を改めて検討すると、通産省を中心に形成されてきた戦後日本の産業政策像とは異なる姿が明らかとなる。通産省の産業政策は、どのような手段を用いるかは別にして、対象産業の育成・監督から自由競争に向けた市場開放へと、基本的にはその産業を成長させ、自立させていくことを目的としている。[3] これに対して計画造船の政策過程が明らかにするように、運輸省の産業政策は、競争や企業の自主性を促進する側面もあるとはいえ、基本的には「監督」の維持が根底にある。序章で述べたように交通インフラの維持という要素があるにせよ、両省における産業政策像の違いを生み出しているのは、政治的介入の強弱と業界側の政府助成への依存度の違いにあるように考えられる。少なくとも計画造船の事例は、通産省から想起される産業政策像とは一見重なるようにみえながら、実のところかなり異なっている。このように本書の計画造船の歴史分析は、運輸省の産業政策像の析出へと接近するものであり、以上の点を踏まえれば、産業政策の政治学・行政学研究は、従来の産業政策像を相対化するうえで、今なお個別の政策過程の実証を積み重ねていく必要があることを示している。[4] この積み重ねこそが、戦後日本の政官関係における各省庁の共通性と特殊性を改めて検証していくことにもつながっていくのである。

ここまで述べてきた意義を念頭に置きながら、本書の歴史分析から残された課題として、二つの点を指摘することができよう。第一の課題は、政策史から戦後日本の政策過程の原像を叙述するという本書の方法に関してのものである。重要な政策対象であるとはいえ、本書は計画造船という一つの政策史を扱ったに過ぎない。したがって、同時期の異なる政策史研究から戦後日本の政策過程に接近しようとすれば、また原像の別の側面が叙述される可能性はある。むしろ戦後日本の政策過程の理論的な諸特徴を問い直すのであれば、政策史研究の観点から様々な政策による政策過程の実証研究を蓄積し、それらの成果を束ね検証していくことで、実証面から戦後日本の政策過程がどのように形成され、定着したのかを構造的に把握する必要があるだろう。[5] こうした取り組みは、序章で述べたように変容する現代日本の政策過程に対する参照点となり、またその変容のゆくえを考える手がかりともなる。それゆえ、政治学・行政学の観点から、今後も一九五〇年代とその前後を含めた政策史研究の着実な蓄積が重要なのである。

第二の課題は、本書が扱った計画造船やその政策過程が以後の日本の政治や行政に与えた影響である。例えば、造船疑獄に際して逮捕された土光敏夫は、事件当時に石川島重工業社長であり、一九八〇年代には財界の重鎮として第二次臨時行政調査会、臨時行政改革推進審議会の会長となり、行政改革を主導するアクターとなった。のちに造船疑獄の経験について土光は、「人生にはどんな思いがけない出来事が待ち受けているかわからない。日ごろから厳しく公私のけじめをつけ、いやしくもその行動を疑われるようなことがないようにしなければ」と振り返っている。[6] 土光の経営精神の特徴は合理性への信奉であったが、それは造船疑獄の影響も反映されていたのである。[7]

しかしながら、戦後日本政治における政治家と海運業の足跡を考えるうえで象徴的なのは、海議連のメンバーであった河本敏夫であろう。利子補給制度の導入に尽力した河本は一九七四年まで三光汽船の社長であり、海運業出身の政治家であった。三光汽船は、海運業界のなかでも特異な会社として位置づけられる。第一に三光汽船は、中規模の海運会社でありながら、海運集約への参加を断っている。これに加わらなかったため、三光汽船は非集約会社を代表するという、海運業界のなかで独自の地位を形成することになる。第二に三光汽船は、一九七二年に海運集約により誕生したジャパンライン（日東商船と大同海運の合併）に対して株の買い占めを試み、集約後の海運業界の秩序に挑戦している。株の買い占め自体は企業間の提携が目的とされたものの、河本の政治活動と関連するものとしてとらえられ、野党からの批判の対象となった[8]。第三に、三光汽船は経営悪化のため一九八五年に倒産し、それを契機として河本は沖縄開発庁長官を辞任することになった[9]。以上のような戦後における三光汽船の盛衰は、河本自身の政治家としての歩みとも符合している。三光汽船を所持する河本は、自らが所属する派閥であった三木派の資金源と目され、その資源を梃子に三木派の有力政治家としての地歩を築いていく[10]。一九八〇年代には次期首相候補とまで呼ばれたものの、三光汽船の倒産を機に河本の政治的影響力は減衰していったのである。

土光や河本に限らず、計画造船とその政策過程に関わったアクターは、以後の政治や行政とどのような関わり方をしていくこととなったのか。同時に、本書が必ずしも対象としなかった計画造船以外の海運政策の戦後史とも重ね合わせることにより、海運をめぐる政治と行政の関係は一層の把握が進むと考えられる。

かくして本書は、計画造船をめぐる政党と官僚制、換言すれば政治と行政の交錯過程から戦後日本の政策過程の原像を描き出そうと試みた。こうした時代から現代の政党と官僚制の関係を逆に見渡せば、一方の政党側は自民党の再長期政権化に対して野党の離合集散がみられ、他方の官僚制側は二〇〇〇年代以降の公務員制度改革や内閣人事局の創設を通じた官邸主導との関係が問われるなど、その流動性を高めつつあるようにみえる。それゆえ本書の対象としてきた時代と政治の構図が一九五〇年代と一九九〇年代・二〇〇〇年代との間だけではなく、現在の政官関係ともなお共鳴するのであれば、そのことは政党と官僚制との関係が新たな協働に向けた再構築の時代にあることを示しているのである。

註

◆序章　戦後日本にとっての計画造船

（1）　近年の研究では、上川龍之進「官僚の執務知識と政官関係」（『阪大法学』第六九巻第三・四号、二〇一九年）や曽我謙悟『現代日本の官僚制』（東京大学出版会、二〇一六年）、牧原出『崩れる政治を立て直す――二一世紀の日本行政改革論』（講談社、二〇一八年）や村松岐夫『政官スクラム型リーダーシップの崩壊』（東洋経済新報社、二〇一〇年）などが挙げられる。行政組織の制度設計に即した研究は、河合晃一『政治権力と行政組織――中央省庁の日本型制度設計』（勁草書房、二〇一九年）を参照。

（2）　例えば、政権交代による政策の連続性の有無に着目した政治過程研究として、竹中治堅編『二つの政権交代――政策は変わったのか』（勁草書房、二〇一七年）が挙げられる。また政治改革や行政改革による首相の権力基盤の変容を扱った研究は、待鳥聡史『首相政治の制度分析――現代日本政治の権力基盤形成』（千倉書房、二〇一二年）を参照。

（3）　猪口孝『現代日本政治経済の構図――政府と市場』（東洋経済新報社、一九八三年）や佐藤誠三郎・松崎哲久『自民党政権』（中央公論社、一九八六年）などの日本型多元主義論が代表例である。また包括的な整理としては、飯尾潤『日本の統治構造――官僚内閣制から議院内閣制へ』（中央公論新社、二〇〇七年）も参照。

（4）　久米郁男「利益団体政治の変容」村松岐夫・久米郁男『日本政治変動の三〇年――政治家・官僚・団体調査に見る構造変容』東洋経済新報社、二〇〇六年。辻中豊編『政治変動期の圧力団体』有斐閣、二〇一六年。

(5) 中北浩爾『自公政権とは何か――「連立」にみる強さの正体』筑摩書房、二〇一九年、第六章。

(6) 自民党の派閥や政策決定過程に着目したものとして、中北浩爾『自民党――「一強」の実像』(中央公論新社、二〇一七年)が挙げられる。一九九四年の選挙制度改革以降の政党政治の包括的な検討から政治過程の変化を言及する濱本真輔『現代日本の政党政治――選挙制度改革は何をもたらしたのか』(有斐閣、二〇一八年)に加えて、制度論的な観点から首相や官邸の権力強化を長期的に把握する分析は、清水真人『平成デモクラシー史』(筑摩書房、二〇一八年)を参照。また、一九九〇年代を「流動期」ととらえ、それ以前の日本政治からの変容を総体的に分析しようとする、樋渡展洋・三浦まり編『流動期の日本政治――「失われた十年」の政治学的検証』(東京大学出版会、二〇〇二年)も、こうしたアプローチに連なる研究といえよう。

(7) 例えば、奥健太郎「事前審査制の起点と定着に関する一考察――自民党結党前後の政務調査会」(『法学研究』第八七巻第一号、二〇一四年)や奥健太郎・河野康子編『自民党政治の源流――事前審査制の史的検証』(吉田書店、二〇一五年)、村井哲也「戦後政治と保守合同の相克――吉田ワンマンから自民党政権へ」(坂本一登・五百旗頭薫編『日本政治史の新地平』吉田書店、二〇一三年)などが挙げられる。また自民党長期政権の代表的な理解とされた日本型多元主義に基づく利益誘導政治に関して、党組織改革に着目してむしろ利益誘導政治からの脱却の歴史としてとらえなおす試み研究もある。中北浩爾『自民党政治の変容』NHK出版、二〇一四年。

(8) 地田知平『日本海運の高度成長――昭和三九年から四八年まで』日本経済評論社、一九九三年、一九―二〇頁。

(9) 同右、二八―二九頁。

(10) 運輸省五〇年史編纂室編『運輸省五十年史』運輸省五〇年史編纂室、一九九九年、二五三頁。

(11) 三菱は日本最初の外航航路として横浜―上海間の定期航路を一八七五年に開設したが、この航路にはアメリカのパシフィック・メール社(Pacific Mail Steamship Company)がすでに就航しており、海運競争において後れを取っていた。このため、大久保利通は民営会社の保護を含む海運三策を諮り、三菱を援助した。宮本又郎『企業家たちの挑戦』中央公論新社、一九九九年、一五一－一五二頁。明治期の海運業の自立過程については、小風秀雅『帝国主義下の日本海運――国際競争と対外自立』（山川出版社、一九九五年）を参照。

(12) 米田冨士雄『現代日本海運史観』海事産業研究所、一九七八年、四三－四五頁。

(13) 同右、二四四－二四五頁。

(14) 西尾勝は、計画に一般的に共通する要素として、未来性、行動群の提案、行動群の相互関連性を挙げている。計画造船の場合、運輸省が希望する建造量の提案から開始されるため未来性には該当するが、造船建造の援助のみであることから行動群を形成しているわけではない。この点において、厳密にいえば計画というより助成・振興政策の性質に近いものといえる。西尾勝『行政学［新版］』有斐閣、二〇〇一年、二九二頁。なお、計画造船という名称は、一九四二年の海務院の資料「計画造船関係綴」（東京大学経済学部図書館所蔵）が存在するように必ずしも戦後固有の名称ではないが、本書における計画造船は戦後のものを指す。同資料の検討は、荒川憲一『戦時経済体制の構想と展開――日本陸海軍の経済史的分析』（岩波書店、二〇一一年）第七章を参照。

(15) 第四三次計画造船の建造量は、一隻、五万一〇〇〇総トンと外航船建造開始以来の最低を記録した。さらに一九九〇年から計画造船の仕組みは、OECD造船部会から問題視されたため海運融資制度へと改称されるに至った。このため、第四三次計画造船をもって終了とみなされることが多い。公益財団法人日本海事センターのホームページにある海事年表を参照（http://www.jpmac.or.jp/chronology/index.html）。

(16) 前掲、地田『日本海運の高度成長』二二－二四頁。

(17) 米澤義衛「造船業」小宮隆太郎・奥野正寛・鈴木興太郎編『日本の産業政策』東京大学出版会、一九八四年、三七六－三七八頁。

(18) 中村隆英『昭和史』下、東洋経済新報社、二〇一二年、五九一－五九七頁。

(19) ここではいくつかの代表的な研究を示すにとどめる。自動車運送事業に関する政策実施研究は、森田朗『許認可行政と官僚制』（岩波書店、一九八八年）を参照。自動車の安全基準の事例研究は、村上裕一『技術基準と官僚制――変容する規制空間の中で』（岩波書店、二〇一六年）が詳しい。地下鉄を題材とした交通政策の政治過程研究は、笠京子「戦後日本の交通政策における構造・制度・過程――京都市地下鉄建設計画を事例に」（『香川法学』第一二巻第二号、一九九二年）。手塚洋輔「政策変化とアイディアの共有――地下鉄補助政策における省庁間紛争と政党」（『法学』第六六巻第六号、二〇〇三年）も参照。航空政策研究は、秋吉貴雄『公共政策の変容と政策科学――日米航空輸送産業における二つの規制改革』（有斐閣、二〇〇七年）や、深谷健『規制緩和と市場構造の変化――航空・石油・通信セクターにおける均衡経路の比較分析』（日本評論社、二〇一二年）が規制改革を詳細に検討している。空港政策は、秋月謙吾「空港整備政策の展開――国際環境の変動と国内公共事業」（『年報行政研究』第三五号、二〇〇〇年）。鉄道政策の場合、政治学・行政学研究として日本国有鉄道の民営化に関する事例研究が多いが、飯尾潤『民営化の政治過程――臨調型改革の成果と限界』（東京大学出版会、一九九三年）を例示するのみとする。

(20) 永森誠一「政策の構成――造船政策と不況対策（一）（二）」『国学院法学』第二七巻第三号・第四号、一九九〇年。永森誠一、リチャード・ボイド「危機意識の政治過程――英国および日本における造船危機」『国学院法学』第二六巻第一号、一九八八年。森田朗「日本の衰退産業政策――第一次石油危機による造船不況への対応を例として」『法学論集』第四巻第一号、一九八九年。なおイギリスの造船業に関する政治学研究として、Hogwood, Brian, *Government and Shipbuilding: The Politics of Industrial Change*, Saxon House, 1979. またアメリカの海運政策は、その特徴を「一九三六年商船法体制」の観点から検討した待鳥聡史「海運政策とパクス・アメリカーナ」田所昌幸・阿川尚之編『海洋国家としてのアメリカ――パクス・アメリカーナへの道』（千倉書房、二〇一三年）を参照。国際行政の観点から海運業者間の海運同盟を検討した、城山英明『国際行政の構造』（東京大学出版会、一九九七年）一五三―一六〇頁も参照。

(21) 林昌宏『地方分権化と不確実性――多重行政化した港湾整備事業』吉田書店、二〇二〇年。山田健「出先機関と地方自治体の中央―地方関係――高度成長期の名古屋港整備を事例として」『北大法学論集』第六九巻第二号、二〇一八年。戦前の港湾行政に関する政治史研究は、稲吉晃『海港の政治史——明治から戦後へ』（名古屋大学出版会、二〇一四年）を参照。

(22) 例えば、杉山和雄の計画造船に関する一連の研究は、金融面や自己資金船といった分析視角や問題関心を異にするものの、本書が対象とする時期を中心に検討したものである。杉山和雄「計画造船（第五次～第一八次）の資金調達」『成蹊大学経済学部論集』（第二〇巻第二号、一九九〇年）や同「自己資金船建造政策の展開——一九五五～六〇年度」『成蹊大学経済学部論集』（第二二巻第一号、一九九一年）などを参照。また計画造船に言及しつつ、これまでの海運業と造船業に関する経営史研究の動向を整理したものとしては、経営史学会編『経営史学の五〇年』（日本経済評論社、二〇〇一五年）が参考となる。同書は、海運業の章を後藤伸が、造船業の章を祖父江利衛がそれぞれ担当している。

(23) 三和良一『占領期の日本海運——再建への道』日本経済評論社、一九九二年。

(24) 中川敬一郎『戦後日本の海運と造船——一九五〇年代の苦闘』日本経済評論社、一九九二年。

(25) 前掲、地田『日本海運の高度成長』。

(26) 杉山和雄『海運復興期の資金問題——助成と市中資金』日本経済評論社、一九九二年。山下幸夫『海運・造船業の技術と経営——技術革新の軌跡』日本経済評論社、一九九三年。これらのほかに、海運業の労働事情を対象とした、小林正彬『戦後海運業の労働問題——予備員制と日本的雇用』（日本経済評論社、一九九二年）や、造船業の復興を扱う寺谷武明『造船業の復興と発展——世界の王座へ』（日本経済評論社、一九九三年）、さらに世界第一位の座に至るうえでの技術革新の役割を検討した高柳暁『海運・造船業の技術と経営——技術革新の軌跡』（日本経済評論社、一九九三年）が存在する。

(27) 小湊浩二「第五次計画造船と船舶輸出をめぐる占領政策——経済「自立」の論理と具体化」『土地制度史学』第四三巻第一号、二〇〇〇年。

(28) 橋本寿朗「戦略をもった調整者としての政府の役割――戦後復興期における「計画造船」と運輸省の活動・役割」『社会科学研究』第四八巻第五号、一九九七年。

(29) 同右、二二二―二二七頁。

(30) 同右、二二六―二二七頁。

(31) 石井晋「重点的産業振興と市場経済――戦後復興期の海運と造船」『社会経済史学』第六三巻第一号、一九九七年。

(32) 歴史的制度論の観点から計画造船の政策過程を研究したものとして、若林悠「一九五〇年代の海運政策と造船疑獄――計画造船をめぐる政治と行政」『年報行政研究』(第五一号、二〇一六年)が挙げられる。

(33) 例えば、浅井良夫『戦後改革と民主主義――経済復興から高度成長へ』(吉川弘文館、二〇〇一年)や同「開発の五〇年代から成長の六〇年代へ――高度成長期の経済と社会」『国立歴史民俗博物館研究報告』(第一七一集、二〇一一年)などは、経済史の観点から時代の変動をとらえようとする研究といえる。

(34) 牧原出『内閣政治と「大蔵省支配」――政治主導の条件』中央公論新社、二〇〇三年、二三―二四頁。

(35) こうした点は、牧原出「政治家・官僚関係の新展開――一九五〇～一九六〇年代」『昭和史講義【戦後篇】』(下、筑摩書房、二〇二〇年)も参照。

(36) 一九五〇年代論における先行研究の整理は、『年報現代史』(第一三号、現代史料出版、二〇〇八年)の「特集にあたって」(執筆者は森武麿)や山口由等「一九五〇年代論の検討と流通史研究――商業復興以後・セルフサービス以前」(『愛媛大学法文学部論集　総合政策学科編』第二四号、二〇〇八年)などを参照。

(37) ほぼ同時期に興隆したのは、戦後日本の経済体制の原型を主として一九四〇年代の戦時期に求める戦時体制論である。代表的な議論は、野口悠紀雄『一九四〇年体制――さらば戦時経済　増補版』(東洋経済新報社、二〇一〇年)などを参照。こうした一九四〇年代論の背景と批判的検討は、森武麿「戦前と戦後の断絶と連続――日本近現代史研究の課題」（『一橋論叢』第一二七巻第六号、二〇〇二年）がある。

（38）念頭に置かれた同時代の政治学的分析は、岡義武編『現代日本の政治過程』（岩波書店、一九五八年）が代表的なものといえる。

（39）官僚制の影響力の強さを主張する官僚優位論の代表的な研究は、辻清明『新版 日本官僚制の研究』（東京大学出版会、一九六九年）や山口二郎『大蔵官僚支配の終焉』（岩波書店、一九八七年）である。他方で政党や政治家の影響力の強さを主張する政党優位論の研究は、村松岐夫『戦後日本の官僚制』（東洋経済新報社、一九八一年）が代表的である。こうした整理については、村松岐夫『行政学教科書――現代行政の政治分析〔第二版〕』（有斐閣、二〇〇一年）一一三―一一七、一三二―一三三頁を参照。

（40）中村隆英・宮崎正康編『過渡期としての一九五〇年代』東京大学出版会、一九九七年。この課題関心をもとに一九五〇年代後半から一九六〇年代を考察したのが、中村隆英・宮崎正康編『岸信介政権と高度成長』（東洋経済新報社、二〇〇三年）である。他方で変動期では括れない一九五〇年代自体の固有性を主張するものに、雨宮昭一『戦時戦後体制論』（岩波書店、一九九七年）が挙げられる。

（41）中村隆英「過渡期としての一九五〇年代」中村隆英・宮崎正康編『過渡期としての一九五〇年代』東京大学出版会、一九九七年、二五頁。

（42）代表的なものは、後述するC・ジョンソンの研究である。Johnson, Chalmers, *MITI and the Japanese Miracle: The Growth of Industrial Policy, 1925-1975*, Stanford University Press, 1982. また佐々田博教『制度発展と政策アイディア――満州国・戦時期日本・戦後日本にみる開発型国家システムの展開』（木鐸社、二〇一一年）も参照。

（43）御厨貴「機振法イメージの政治史的意味――新しい産業政策の実像と虚像」北岡伸一・御厨貴編『戦争・復興・発展――昭和政治史における権力と構造』東京大学出版会、二〇〇〇年、三〇二頁。なお御厨は、のちに機振法を「占領期が過ぎた頃、産業界をめぐる空気はどんなものであったのか。今の時点でふり返って見れば、高度成長の助走に入らんとする時期として理解されるものの、当時はまだまだそんな雰囲気ではなかった。戦後統制から自由にならんとするこの時期に、いわば、統制と自由との間で官がやれることは何かを追求した」ものと述べている。同『戦後をつくる――追憶から希望への透視図』吉田書店、二〇一六年、一五四頁。

(44) 例えば、一九五五年体制の成立過程は、中北浩爾『一九五五年体制の成立』（東京大学出版会、二〇〇二年）を参照。また重光葵を軸に保守合同前後の政治過程を検討した武田知己『重光葵と戦後政治』（吉川弘文館、二〇〇二年）や、政党組織論からの検討は、小宮京『自由民主党の誕生――総裁公選と組織政党論』（木鐸社、二〇一〇年）を参照。

(45) 本書の課題設定と関連した研究に、一九五〇年代の教育政策に関する法制度やアクターの検討を通じて、同時代の教育の「政治化」がその後の「脱政治化」の転換点になったことを示した、小玉重夫・荻原克男・村上祐介「教育はなぜ脱政治化してきたか――戦後史における一九五〇年代の再検討」（日本政治学会編『年報政治学二〇一六－Ⅰ　政治と教育』木鐸社、二〇一六年）がある。また一九五〇年代後半の減税策に一九五〇年代前半や六〇年代との連続性を示した、大嶽秀夫「鳩山・岸時代における「小さい政府」論――一九五〇年代後期における減税政策」（日本政治学会編『年報政治学一九九一　戦後国家の形成と経済発展――占領以後』岩波書店、一九九一年）も参照。

(46) こうした方法上の関心は、近年の時間的文脈を重視した政策発展論と接合するものでもある。政策発展論は、政策は政治過程の産物であり、また創り出された政策が政治過程に影響を与える以上、政策選択の以前と以後を踏まえた長期的時間構造が政策にもたらす効果をとらえようとする。ただし本書は、政策発展論がある政策選択が長い時間をかけて後の政策選択を規定するというマクロな効果を重視するのに比べて、繰り返される短期的な政策選択の積み重ねが、政治過程の長期的な特徴を形成していくというミクロな効果に着目している。西岡晋「政策研究に「時間を呼び戻す」――政策発展論の鉱脈」『季刊行政管理研究』第一四五号、二〇一四年。Pierson, Paul, "Public Policies as Institutions" in Ian Shapiro, Stephen Skowronek and Daniel Galvin eds. *Rethinking Political Institutions: The Art of*

the State, New York University Press, 2006. 近年の政策の変容に着目する政策発展論の研究では、Riccucci, Norma, *Policy Drift: Shared Powers and the Making of U.S. Law and Policy*（New York University Press, 2018）も参照。また歴史的制度論から政策研究に対する時間的文脈の重要性を指摘するものとして、Pierson, Paul, *Politics in Time: History, Institutions, and Social Analysis*（Princeton University Press, 2004）。

◆第1章　計画造船にどうアプローチするか——本書の課題認識と視角

（1）北山俊哉「産業政策の政治学から産業の政治経済学へ——一九三〇年代の日米政治経済（重要産業統制法と全国産業復興法）」『レヴァイアサン』臨時増刊号（一九九〇年夏）、一九九〇年、一四二頁。なお北山の主張は、従来の産業政策を評価する際の国家介入と市場競争の二元的把握から、企業間の競合、企業内外での労使間の競合、国家と企業の競合などの多様な競合関係における政治を分析対象に据えることで、比較可能な分析枠組みとしての「産業政策の政治経済学」へと理論的な発展を目指すことにあった。

（2）無論これは産業政策自体が軽視されているということではない。公共政策学関連の教科書において産業政策の事例が取り上げられるのは、政策をめぐる合理性と意思決定との関係を考えるうえで恰好の分析素材を提供するからである。例えば、足立幸男・森脇俊雅編『公共政策学』（ミネルヴァ書房、二〇〇三年）や武智秀之『政策学講義——決定の合理性〔第二版〕』（中央大学出版部、二〇一七年）を参照。

（3）産業政策論の基本的な整理は、建林正彦「産業政策と行政」西尾勝・村松岐夫編『講座　行政学』第三巻（有斐閣、一九九四年）と、藤井禎介「産業政策における国家と企業（一）・（二）」『大阪市立大学法学雑誌』（第四五巻第三・四号、第四六巻第一号、一九九九年）を参考にした。

（4）Johnson, op. cit.

（5）ibid., pp. 315-320.

（6） Zysman, John, *Governments, Markets, and Growth: Financial Systems and Politics of Industrial Change*, Cornell University Press, 1983.

（7） ibid., Ch. 2.

（8） 国家論の代表的な議論は、Evans, Peter B., Dietrich Rueschemeyer and Theda Skocpol eds., *Bringing the State Back In*（Cambridge University Press, 1985）を参照。また、国家の役割を改めて評価する議論については、Hay, Colin, Michael Lister and David Marsh eds., *The State: Theories and Issues*（Palgrave Macmillan, 2005）も参照。

（9） 水戸孝道『石油市場の政治経済学――日本とカナダにおける石油産業規制と市場介入』九州大学出版会、二〇〇六年、二三一－二三二頁。

（10） 例えば、官庁におけるセクショナリズムの弊害を挙げる指摘は、官僚制を一元的に扱うことへの疑問を投げかけるものである。この点は、今村都南雄『官庁セクショナリズム』（東京大学出版会、二〇〇六年）などを参照。

（11） 吉川洋『高度成長――日本を変えた六〇〇〇日』中央公論新社、二〇一二年、一三三－一三六頁。

（12） 例えば、鶴田俊正は、産業政策が産業の成長を促進させるだけでなく、産業のパフォーマンスを歪める側面を持った点を指摘する。鶴田俊正『戦後日本の産業政策』日本経済新聞社、一九八二年、八－一二頁。あるいは、産業政策そのものを明確に否定する論者も存在する。例えば、三輪芳明、J・マーク・ラムザイヤー『産業政策論の誤解――高度成長の真実』（東洋経済新報社、二〇〇二年）を参照。

（13） 橋本寿朗・長谷川信・宮島英昭・齋藤直『現代日本経済　第三版』有斐閣、二〇一一年、八五－八六頁。前掲、野口『一九四〇年体制』一〇六－一〇八頁。

（14） 小宮隆太郎・奥野正寛・鈴木興太郎編『日本の産業政策』（東京大学出版会、一九八四年）の小宮による「序章」部分を参照。

（15） Calder, Kent E., *Strategic Capitalism: Private Business and Public Purpose in Japanese Industrial Finance*, Princeton

University Press, 1995, pp. 3-8.

(16) Friedman, David, *The Misunderstood Miracle: Industrial Development and Political Change in Japan*, Cornell University Press, 1988, Ch. 1-3.

(17) ibid., pp. 161-162.

(18) 一例として、猪口孝・岩井奉信『「族議員」の研究――自民党政権を牛耳る主役たち』(日本経済新聞社、一九八七年)や前掲、佐藤・松崎『自民党政権』などが挙げられる。また政党の影響力を主張するものとして、村松岐夫『日本の行政――活動型官僚制の変貌』(中央公論社、一九九四年)二〇一-二〇四頁も参照。なお猪口孝は、日本の多元主義における官僚主導を強調して、「官僚的包括型多元主義」と定義づけている。この点には、前掲、猪口『現代日本政治経済の構図』一八-一九頁を参照。また規制と「下位政府」との関係については、大山耕輔『行政指導の政治経済学――産業政策の形成と実施』(有斐閣、一九九六年)七五-九〇頁も参照。

(19) 北山俊哉「日本における産業政策の執行過程――繊維産業と鉄鋼業(一)」『法学論叢』第一一七巻第五号、一九八五年、五三-五八頁。

(20) 恒川恵市『企業と国家』東京大学出版会、一九九六年、一五二-一六〇頁。

(21) 樋渡展洋『戦後日本の市場と政治』東京大学出版会、一九九一年、一一-一九頁。

(22) 村上泰亮の「仕切られた競争」(compartmentalized competition)の指摘も、国家による介入が産業ごとの競争の枠組みを形成した点で同様である。村上泰亮『新中間大衆の時代』中央公論社、一九八四年、一〇三-一〇七頁。

(23) Katzenstein, Peter J. ed., *Between Power and Plenty: Foreign Economic Policies of Advanced Industrial States*, University of Wisconsin Press, 1978.

(24) Samuels, Richard, *The Business of the Japanese State: Energy Markets in Comparative and Historical Perspective*, Cornell University Press, 1987, pp. 258-263.

（25） Okimoto, Daniel, *Between MITI and the Market: Japanese Industrial Policy for High Technology,* Stanford University Press, 1990, pp. 152-165.

（26） ibid., pp. 50-51.

（27） 政策ネットワーク論の動向に関する整理は数多く存在するため、いくつかの研究を例示するにとどめる。初期のものでは、新川敏光「ネットワーク論の射程」『季刊行政管理研究』（第五九号、一九九二年）や原田久「政策・制度・管理――政策ネットワーク論の複眼的考察」『季刊行政管理研究』（第八一号、一九九九年）が挙げられる。近年のものでは、古地順一郎「ローズの政策ネットワーク論」岩崎正洋編『政策過程の理論分析』（三和書籍、二〇一二年）が詳細である。また、Rhodes, Roderick A. W., "Policy Network Analysis," in Michael Moran, Martin Rein and Robert E. Goodin eds., *The Oxford Handbook of Public Policy*（Oxford University Press, 2008）も参照。

（28） Rhodes, Roderick A. W. and David Marsh, "Policy Networks in Britain: A Critique of Existing Approaches," in David Marsh and Roderick A. W. Rhodes eds., *Policy Networks in British Government,* Oxford University Press, 1992, pp. 12-15.

（29） ローズらの議論は、この二つのネットワークを両極として、中間として三つのネットワークが示される。「政策共同体」から順に「専門家ネットワーク」（professional network）、「政府間ネットワーク」（intergovernmental network）、「生産者ネットワーク」（producer network）になるにつれ、緩やかなネットワークとして扱われる。なお、「イシュー・ネットワーク」は、H・ヘクロが用いた概念である。Heclo, Hugh, "Issue Networks and the Executive Establishment," in Anthony King ed., *New American Political System,* American Enterprise Institute Press, 1978, pp 87-124.

（30） この種のネットワーク論への批判としては、K・ダウディングの議論が挙げられる。Dowding, Keith, "Model or Metaphor?: A Critical Review of the Policy Network Approach" *Political Studies,* Vol. 45, No. 1, 1995.

(31) Marsh, David and Martin Smith, "Understanding Policy Networks: toward a Dialectical Approach" *Political Studies*, Vol. 48, No. 1, 2000. ただし、このアプローチについては、三者間の相互関係を強調することで決定的な要因が曖昧なままであるという批判を受けた。Dowding, Keith, "There Must Be End to Confusion: Policy Networks, Intellectual Fatigue, and the Need for Political Science Method Courses in British Universities" *Political Studies*, Vol. 49, No. 1, 2001. ダウディングの批判に対するマーシュの反論は、Marsh, David and Martin Smith, "There is More than One Way to Do Political Science: Different Ways to Study Policy Networks" *Political Studies*（Vol. 49, No. 3, 2001）を参照。

(32) Kisby, Ben, "Analysing Policy Networks: towards an Ideational Approach" *Policy Studies*, Vol. 28, No.1, 2007.

(33) ガバナンスとしてのネットワーク論を整理したものとして、新谷浩史「ネットワーク管理論の射程」『年報行政研究』（第三九号、二〇〇四年）などが挙げられる。こうした行政学における分析の方向性については、田邊國昭「二〇世紀の学問としての行政学？——「新しい公共管理論（New public Management）」の投げかけるもの」『年報行政研究』（第三六号、二〇〇一年）一四二頁も参照。

(34) 例えば、国家をなおネットワークの中心アクターとしてとらえる研究は、Pierre, Jon and Brainard G. Peters, *Governance, Politics, and the State*（Palgrave Macmillan, 2000）を参照。

(35) 一九五五年以降では、経済発展における産業政策と政党政治の関係を論じたものとして、久米郁男「鳩山・岸路線と戦後政治経済体制——市場の「政治性」への一考察」『レヴァイアサン』（第二〇号、一九九七年）が挙げられる。久米は、政党政治家の政策アイディアと産業政策の関係を論じることで「政治」の重要性に言及するものの、産業政策の内容に対する影響力に比べ、産業政策の過程に対する影響力については十分に論じえていないように思われる。これは、経済発展を説明することに主眼が置かれているためであろう。本書は、経済発展の説明に主眼を置くのではなく、むしろ産業政策の政策過程における「議員・政党の介入」を扱うことで、産業政策の政策過程がもつ政治性の実態を明らかにする。

（36） Johnson, op. cit., p. 316.

（37） 前掲、吉川『高度成長』一三三－一三六頁。

（38） Calder, op. cit., Ch. 2-3.

（39） ただし、「ネットワーク」の視角を用いた比較政治史研究では、政治的介入の様態を試みる研究が存在する。中山洋平は、フランスにおける農村電化、上下水道、公共住宅などの政治的効果が高いとされた事業を事例に、公的資金の「流れ」と地方レベルでの党派ネットワークの変容の関係を分析している。中山によれば、官僚制が一定の政策的意図・論理に基づいて進める公的資金の配分に対する「政治的介入の余地」を評価するうえで、上と下の二つの方向からの介入の可能性に注意する必要があるという。上からの介入は、補助金や融資の配分の制度を管理・運営する省庁や公的金融機関の中枢部分の人事が政治化・党派化している場合、政策目標・配分基準の段階から特定の政治的意図を埋め込むことが可能であるとする。これに対し、下からの介入は、省庁や公的金融機関の中枢部分が自律性を維持し、彼らの統制のもとに政策目標や配分基準を徹底しようとしている場合には、議会や政権政党が資金配分過程において、官僚制の統制が及ばない、あるいは相対的に緩い部分に影響力を行使して、政治的「ノイズ」を割り込ませることが可能であるとする。

こうした「政治的介入の余地」という評価軸は、本書の計画造船における「議員・政党の介入」を考えるうえで有益である。計画造船の場合、建造資金と船型・隻数の決定に対して上からの介入により影響力を行使することが考えられる。また下からの介入については、建造資金や隻数の決定後の業者の選定において、議員・政党が特定の業者に割り当てをするように働きかけることが該当する。これらの介入による利益が議員・政党の省庁と業者を中心としたネットワークへの介入の契機になると想定されるのである。以上の「政治的介入の余地」の議論は、中山洋平「地方公共投資と党派ネットワークの変容――フランス政治における公的資金の「水流」（一九二〇年代～一九七〇年代）（一）－（六）」『国家学会雑誌』（第一二三巻第一・二－七・八号、第一二四巻第一・二、七・八号、二〇一〇、二〇一一年）を参照。

（40）Okimoto, op. cit., pp. 152-165.

（41）真渕勝「日本の産業融資――金融官庁の産業政策と産業官庁の金融政策」『レヴァイアサン』第一六号、一九九五年。

（42）しかしながら自民党が長期政権であったという前提条件は、歴史的に後づけされたものである。それゆえ、自民党長期政権の定着前後を分析することなしに、長期政権がもたらした意味を問うことは不十分といえる。こうした長期政権の確立過程の分析として、牧原出『権力移行――何が政治を安定させるのか』（ＮＨＫ出版、二〇一三年）が挙げられる。

（43）御厨貴『政策の総合と権力――日本政治の戦前と戦後』東京大学出版会、一九九六年、第Ⅲ章。なお、御厨と同じく水資源開発の事例を扱った牧原出は、一九六〇年代の自民党政調会の役割が官僚主導の政策形成を凌駕するといわれた八〇年代に比べてまだ小さく、最終的な決定をするうえで大臣・事務次官・局長間の調整が党の調整以上に重要であったと指摘する。牧原出『行政改革と調整のシステム』東京大学出版会、二〇〇九年、一八六－二〇五頁。一九五五年体制以降の政党優位については、前掲、村松『戦後日本の官僚制』第四章を参照。

（44）前掲、御厨『政策の総合と権力』一六〇頁。

（45）前掲、牧原『内閣政治と「大蔵省支配」』二五六－二六七頁。

（46）同右、二〇－二五頁。

（47）本書の序章で言及したように「移行」に着目する立場からすれば、一九五〇年代と一九六〇年代の制度化の度合いの違いは、どのように政策決定過程の制度化が進行したのかという問題関心につながる。一九五〇年代後半から一九六〇年代前半にかけて漸進的に政策決定過程の制度化が進行したという指摘は、福元健太郎『日本の国会政治――全政府立法の分析』（東京大学出版会、二〇〇〇年）一三六－一三九頁を参照。

(48) 一九五〇年代に活発に行われた議員立法が、一九五五年の国会法改正と一九五五年体制の成立を経て衰退していった現象を、大蔵省をはじめとする各省と自民党政調部会の調整による立法過程の確立という制度の整備に求めた川人貞史の分析は、「議員・政党の介入」の制度化を裏づけるものといえる。川人貞史『日本の国会制度と政党政治』東京大学出版会、二〇〇五年、第六章。

(49) 例えば、内山融は、通産省の産業政策を扱うにあたり、中小企業政策を分析の対象から外している。その理由は、中小企業政策が政治家の介入の程度が強いことを挙げ、恩顧主義的な性質を有し、産業政策というよりむしろ農業政策等のほうに近いためとする。しかしながら、なぜ政治家の介入の程度が強いことが産業政策として扱うべき理由ではないのかを示していない。内山融『現代日本の国家と市場——石油危機以降の市場の脱〈公的領域〉化』東京大学出版会、一九九八年、一一–一二頁。なお、中小企業政策が産業政策のみならず社会政策としてとらえられる点は、前掲、御厨「機振法イメージの政治史的意味」北岡・御厨編『戦争・復興・発展』を参照。

(50) 前掲、中村・宮崎編『岸信介政権と高度成長』。

(51) 行政組織の行動原理に関して、組織の存続と組織的自律性の重要性を言及したものは、例えば、Wilson, James Q., *The Investigators: Managing FBI and Narcotics Agents* (Basic Books, 1978) が挙げられる。

(52) 岡本哲和「二つの終了をめぐる過程——国会議員年金と地方議員年金のケース」『公共政策研究』第一二号、二〇一二年、六–七頁。また政策終了論の基本的な整理は、同「政策終了論——その困難さと今後の可能性」足立幸男・森脇俊雅編『公共政策学』（ミネルヴァ書房、二〇〇三年）も参照。近年は、柳至『不利益分配の政治学——地方自治体における政策廃止』（有斐閣、二〇一八年）のように、政策を終了させる要因分析の蓄積がさらに進んでいる。

(53) Carpenter, Daniel P., *Reputation and Power: Organizational Image and Pharmaceutical Regulation at the FDA*, Princeton University Press, 2010, p. 33. 以下の「評判」に関する仔細な研究整理は、若林悠『日本気象行政史の研究

――天気予報における官僚制と社会』（東京大学出版会、二〇一九年）の第一章第一節を参照。また、金井利之『行政学概説』（放送大学教育振興会、二〇二〇年）第九章も参照。

(54) Carpenter, Daniel P. and George A. Krause, "Reputation and Public Administration," *Public Administration Review*, Vol. 72, No. 1, 2012, p. 27.

(55) 前掲、若林『日本気象行政史の研究』九、六三―六四頁。

(56) 日英の福祉政治の比較事例分析を通じて、本書と同様の政府による「非難回避」の戦略性に着目したものとして、西岡晋「福祉国家改革の非難回避政治――日英公的扶助制度改革の比較事例分析」『日本比較政治学会年報』（第一五号、二〇一三年）が挙げられる。ただし、西岡の理論枠組みは福祉の改革という不人気政策における「非難回避」に着目しているが、本書は、同時代的に人気政策における「非難回避」に関心をもつ。加えて本書は、行政組織の戦略的対応に主たる関心をもつ点で分析上の対象範囲が異なる。

(57) Beck, Ulrich, *Risk Society: Towards a New Modernity*, Sage Publications, 1992.

(58) Weaver, Kent, "The Politics of Blame Avoidance," *Journal of Public Policy*, Vol. 6, No. 4, 1986.

(59) Pierson, Paul, *Dismantling the Welfare State?: Reagan, Thatcher, and the Politics of Retrenchment*, Cambridge University Press, 1994, pp. 17-18.

(60) 例えば、新川敏光、ジュリアーノ・ボノーリ編『年金改革の比較政治学――経路依存と非難回避』（ミネルヴァ書房、二〇〇四年）や、西岡晋「福祉国家縮減期における福祉政治とその分析視角」『公共研究』（第二巻第一号、二〇〇五年）を参照。

(61) 代表的なものとして、手塚洋輔『戦後行政の構造とディレンマ――予防接種行政の変遷』（藤原書店、二〇一〇年）が挙げられる。

(62) Power, Michael, *The Risk Management of Everything: Rethinking the Politics of Uncertainty*, Demos, 2004, pp.

9-11.

(63) Hood, Christopher and Martin Lodge, *The Politics of Public Service Bargains: Reward, Competency, Loyalty - And Blame,* Oxford University Press, 2006, pp. 29-33.

(64) Hood, Christopher, *Blame Game: Spin, Bureaucracy, and Self-Preservation in Government,* Princeton University Press, 2011, pp. 50-62.

(65) ibid., pp. 70-85.

(66) ibid., pp. 93-105.

(67) Hood, Christopher, Will Jennings, Ruth Dixon, Brian Hogwood, and Craig Beeston, "Testing Times: Exploring Staged Responses and the Impact of Blame Management Strategies in Two Exam Fiasco Cases" *European Journal of Political Research,* Vol. 48, No. 6, 2009.「非難回避」の段階的な戦略対応に関しては次の研究も参照されたい。Hood, Christopher, Will Jennings and Paul Copeland, "Blame Avoidance in Comparative Perspective: Reactivity, Staged Retreat and Efficacy" *Public Administration,* Vol. 94, No. 2, 2016.

(68) 組織レベルの存続に関するものではあるが、本書の問題関心に近い次の先行研究も参考となる。van Witteloostuijn, Arjen, Arjen Boin, Celesta Kofman, Jeroen Kuilman and Sanneke Kuipers, "Explaining the Survival of Public Organizations: Applying Density Dependence Theory to a Population of US Federal Agencies" *Public Administration,* Vol. 96, No. 4, 2018.

(69) この担当課に関する記述は、海運局に外航課と監督課が設置された一九五一年以降を念頭に置いている。外航課と監督課が設置される以前は、監督第二課が担当した。

(70) 資金調達先による整理は、各計画造船を整理する際の一般的な手法である。例えば、運輸省の省史も同様に整理している。前掲、運輸省五〇年史編纂室編『運輸省五十年史』八六－八七頁。

(71) 大蔵省財政史室編『昭和財政史――終戦から講和まで』第一二巻、東洋経済新報社、一九七六年、六七六―六七八頁。

(72) 同右、六六八―六六九頁。

(73) 大蔵省財政史室編『昭和財政史――終戦から講和まで』第一三巻、東洋経済新報社、一九八三年、九四八―九四九頁。

(74) 一〇年史編纂委員会編『日本開発銀行一〇年史』日本開発銀行、一九六三年、八二―八三頁。

(75) 国会での政府の予算・財政資金の成立が四月以降になってしまう場合や、国会での修正なども予算・財政資金に大きな影響を与えうる局面ではある。しかしながら、「自民党の成立によって一党優位政党制が実現し、独立以来の予算審議で常態となっていた議会修正は、この〔一九五六年度〕予算審議をもって終止符を打つことになった」としているように、一九五〇年代後半になると金額決定に関する国会審議の局面は重要度が減少していくといえよう。大蔵省財政史室編『昭和財政史――昭和二七~四八年度』第三巻、東洋経済新報社、一九九四年、二八〇頁。

(76) その他に計画造船に関係するアクターとして、占領期において「ネットワーク」の様態を外在的に規定したGHQや同時期の「ネットワーク」に強い影響力をもちえた日本銀行などが挙げられる。これらのアクターの特徴は、特定の時期に影響力をもつという限定性に鑑みて、次章以降の歴史分析のなかで具体的に言及することとしたい。

(77) より厳密に言えば、表1―2にある計画・公募の局面の「運輸省による計画策定」以前の段階においても介入の可能性が想定できる。ここでの二つの介入局面は、あくまで運輸省が計画造船の基本的な計画案を策定開始した以降に生じる可能性を理論的に検討したものである。

(78) 秋山龍他「歴代事務次官回顧録」『トランスポート』第二九巻第六号、一九七九年、一六頁。

(79) 運輸官僚の岡田良一によれば、逓信省と鉄道省が合併したときから、「次官が海なら官房長は陸、文書課長は海、人事課長は陸、その下の主席補佐官はその逆」とされていた。たすきがけ人事は広く行き渡っており、これを統合する事務次官の人事も同様であった。また元運輸事務次官の堀武夫によれば、事務次官人事の海陸交替制は堀自身が一九六八年六月に次官に就くまで続けられていたという。日本交通文化協会編集部編『追想録　荒木茂久二』追想録荒木茂久二刊行会、一九九二年、一七〇頁。前掲、秋山他「歴代事務次官回顧録」『トランスポート』第二九巻第六号、一四頁。

(80) 海運調整部長について壺井玄剛は、「総務長という制度をやめて、調整部長に置き替えただけのことですから、海運局副部長みたいなことです。前は総務長というのは、港湾、造船、船員の企画と総務をやっています。こんどは海運局の調整部長ですから、少し各局への権限は減りましたけれども、秋山長官と岡田海運局長の衣の袖にかくれ、顔をきかして同じように振舞っておったんです」と振り返っている。海事産業研究所『戦後海運造船経営史研究会（ヒヤリング速記録）』海事産業研究所、一九九〇年、二五頁。

(81) 同右、一〇〇－一〇一頁。

(82) 例えば、「日本海運の重要性について」総合研究開発機構戦後経済政策資料研究会編『経済安定本部戦後経済政策資料』（第四〇巻、日本経済評論社、一九九六年）五三六－五四八頁。また鳩山一郎内閣のもとで一九五五年一二月に策定された「経済自立五カ年計画」は、商船隊整備により経済自立を促進するため、目標の保有船腹量を四五〇万総トンとした。この計画に合わせて運輸省は「外航船舶拡充五カ年計画」を策定し、毎年の建造量を貨物船九六万総トン、油槽船三〇万総トンの合計一二六万総トンとしていた。『読売新聞』一九五五年一二月八日。

(83) 日刊海事通信社編『計画造船の記録』日本海事図書出版、一九六〇年、三一、三六、一八一頁。

(84) 日本経営史研究所編『日本郵船株式会社百年史』日本郵船、一九八八年、三二四頁。

(85) 日本経営史研究所編『日本郵船百年史資料』日本郵船、一九八八年、六五七頁。

(86) 日本経営史研究所編『創業百年史』大阪商船三井船舶、一九八五年、三〇〇頁。

(87) 同右、三七一頁。

(88) 川崎汽船株式会社編『川崎汽船五十年史』川崎汽船株式会社、一九六九年、一〇七頁。
(89) 前掲、日本経営史研究所編『日本郵船株式会社百年史』四四五頁。
(90) 前掲、日本経営史研究所編『創業百年史』四〇〇－四〇四頁。
(91) 前掲、川崎汽船株式会社編『川崎汽船五十年史』一七〇頁。
(92) 日本船主協会『日本船主協会二〇年史』日本船主協会、一九六八年、一〇〇頁。
(93) 同右、八六六頁。
(94) 同右、七九三頁。
(95) 溝田誠吾「造船――経営多角化と組織革新」米川伸一・下川浩一・山崎広明編『戦後日本経営史』第I巻、東洋経済新報社、一九九一年、一九五－一九六頁。
(96) 同右、一九九頁。
(97) 同右、二〇〇頁。ただし、ここでは大阪商船が株主・借入の関係から三菱系として数えられている。
(98) 日本造船工業会『日本造船工業会三〇年史』日本造船工業会、一九八〇年、二一－三頁。
(99) 『日本造船工業会三〇年史』の「歴代役員・委員会設置状況一覧表」を参照。
(100) 伊藤大一『現代日本官僚制の分析』東京大学出版会、一九八〇年、一五八－一六一頁。
(101) 加藤淳子『税制改革と官僚制』東京大学出版会、一九九七年、六二－六五頁。
(102) 一九六〇年代以降の公債発行をめぐる大蔵省の財政政策の分析を通して、大蔵官僚による均衡財政主義の保持を描いたのが山口二郎である。前掲、山口『大蔵官僚支配の終焉』。また、真渕勝は、一九七〇年代以降の財政危機に対して、大蔵省が主張した「財政と金融の一体性」とする制度配置が、金融政策を財政運営の帳尻合わせに活用することを可能にし、却って財政危機が深刻化したことを指摘した。真渕勝『大蔵省統制の政治経済学』中央公論社、一九九四年、三七〇－三七一頁。

(103) 大蔵省財政史室編『昭和財政史――昭和二七～四八年度』第二巻、東洋経済新報社、一九九八年、五七‐五九頁。
(104) 前掲、牧原『内閣政治と「大蔵省支配」』第一、三章。
(105) 前掲、中村『昭和史』下、五四八‐五四九頁。
(106) 前掲、樋渡『戦後日本の市場と政治』三五頁。
(107) 前掲、一〇年史編纂委員会編『日本開発銀行一〇年史』四七九‐四八〇頁。
(108) 真渕勝「国家の銀行――復興金融金庫と日本開発銀行」『年報政治学一九九五 現代日本政官関係の形成過程』岩波書店、一九九五年、三九頁。
(109) 日本政策投資銀行編『日本開発銀行史』日本政策投資銀行、二〇〇二年、七五‐七六頁。
(110) この点について、真渕は、通産省の融資推薦と開銀の融資の関係において、開銀がすべて承認しているわけではないことに注目して、開銀が独自に融資の判断を下していることを指摘する。前掲、真渕「国家の銀行」『年報政治学一九九五 現代日本政官関係の形成過程』五一‐五二頁。
(111) 前掲、杉山『海運復興期の資金問題』一二七頁。
(112) 銀行協会二〇年史編纂室編『銀行協会二十年史』全国日本銀行協会連合会、一九六五年、四〇‐四一頁。
(113) 同右、三四八頁。
(114) 佐藤栄作『佐藤栄作日記』第一巻、朝日新聞社、一九九八年、一九五三年一月一二日、二月四日、三月一八日の条。また、佐藤と俣野の緊密な関係は、造船疑獄の際に取り調べを受ける原因となったとされる(一九五四年四月一四日の条)。
(115) 俣野健輔『俣野健輔の回想――昭和海運風雲録』南日本新聞社、一九七二年、二二四‐二二六頁。
(116) 前掲、海事産業研究所『戦後海運造船経営史研究会(ヒヤリング速記録)』一四頁。
(117) 海事振興連盟『三十五年の歩み』海事振興連盟、一九八四年、五‐八頁。

(118) 星島が理事長に就任した背景には、第一次吉田内閣において商工大臣に就任していたことや、議員になる以前に片山哲と法律事務所を開いた経緯があることに由来する社会党とのパイプを持っていたことが関係していると思われ、これらにより産業の復興を目的とする超党派の会長として適任とされたと考えられる。山陽新聞社「星島二郎――政治と人と」「政治と人」刊行会編『一粒の麦――いま蘇る星島二郎の生涯』廣済堂出版、一九九六年所収、四七–四八、六五頁。

(119) 前掲、海事振興連盟『三十五年の歩み』一一–一二頁。

◆第2章 占領期のなかの計画造船――政策の模索と手続的制度化

(1) 石川準吉『国家総動員史』第九巻、国家総動員史刊行会、一九八〇年、一〇九九頁。

(2) 前掲、三和『占領期の日本海運』二頁。

(3) 壺井玄剛『日本海運の変貌』日本海事振興会、一九四六年、一二頁。

(4) 大蔵省財政史室編『昭和財政史――終戦から講和まで』第三巻、東洋経済新報社、一九七六年、一九五–一九六頁。前掲、三和『占領期の日本海運』四四–四五頁。

(5) 大蔵省財政史室編『昭和財政史――終戦から講和まで』第二〇巻、東洋経済新報社、一九八二年、四四三–四四九頁。前掲、三和『占領期の日本海運』四六–四七頁。

(6) 前掲、大蔵省財政史室編『昭和財政史――終戦から講和まで』第三巻、二四八–二四九頁。

(7) 外務省編『初期対日占領政策――朝海浩一郎報告書』上、毎日新聞社、一九七八年、六八頁。

(8) 同右、八五頁。

(9) 大蔵省財政史室編『昭和財政史――終戦から講和まで』第一巻、東洋経済新報社、一九八四年、二二〇–二二四頁。

(10) 前掲、外務省編『初期対日占領政策』上、一三八頁。
(11) 前掲、大蔵省財政史室編『昭和財政史――終戦から講和まで』第一巻、三五一―三五二頁。
(12) 渡辺武『占領下の日本財政覚え書』日本経済新聞社、一九六六年、三一頁。
(13) 大蔵省財政史室編『昭和財政史――終戦から講和まで』第一一巻、東洋経済新報社、一九八三年、一六九―一七二頁。
(14) 同右、二四〇―二四五頁。
(15) 大蔵省財政史室編『対占領軍交渉秘録 渡辺武日記』東洋経済新報社、一九八三年、一九四六年五月三一日の条。
(16) 石橋湛山『湛山回想』岩波書店、一九八五年、三四〇頁。
(17) 石橋湛山『湛山座談』岩波書店、一九九四年、九三頁。
(18) 石橋湛一・伊藤隆編『石橋湛山日記 昭和二〇―三一年』上、みすず書房、二〇〇一年、一九四六年六月三日の条。
(19) 前掲、渡辺『占領下の日本財政覚え書』三三頁。
(20) GHQとの詳細な折衝過程は、河野康子「復興期の政党政治――軍需補償打ち切り問題を中心として」『法学志林』(第九八巻第四号、二〇〇一年)第一章を参照。
(21) 増田弘『公職追放――三大政治パージの研究』東京大学出版会、一九九六年、八八―九八頁。
(22) 海事産業研究所『日本海運戦後助成史』運輸省、一九六七年、二四四頁。
(23) 前掲、日本経営史研究所編『創業百年史』三八二頁。
(24) 浅尾新甫『激動期の海運』日刊海事新聞社、一九六五年、九九―一〇〇頁。
(25) 前掲、大蔵省財政史室編『昭和財政史――終戦から講和まで』第二〇巻、四六四―四七一頁。

(26) 同右、四七七-四七九頁。前掲、三和『占領期の日本海運』一一〇-一一一頁。

(27) これ以後、一九四八年の第二次ストライク報告とジョンストン報告を通して、海運業への賠償の緩和は経済復興のための緩和として強調されるようになった。この変化は、海運業者を喜ばせるものであった。有吉義弥『占領下の日本海運――終戦から講和発効までの海運側面史』国際海運新聞社、一九六一年、一三〇-一三一頁。

(28) 前掲、大蔵省財政史室編『昭和財政史――終戦から講和まで』第一二巻、六二四-六二五頁。

(29) 復興金融金庫『復金融資の回顧』復興金融金庫、一九五〇年、一五-一六頁。

(30) 前掲、大蔵省財政史室編『昭和財政史――終戦から講和まで』第一二巻、六二五頁。

(31) 前掲、大蔵省財政史室編『対占領軍交渉秘録　渡辺武日記』一九四六年七月三〇日、八月一五日の条。

(32) 石橋湛山発言（一九四六年九月三日）『第九〇回帝国議会衆議院復興金融金庫法案委員会議録（速記）第二回』三頁。

(33) 前掲、復興金融金庫『復金融資の回顧』一八二-一八三頁。

(34) 特に国内供給だけでは賄うことができず、GHQへの輸入の要請は不可欠なものとなっていた。この時期の食糧の輸入と食糧管理体制の形成過程については、小田義幸『戦後食糧行政の起源――戦中・戦後の食糧危機をめぐる政治と行政』（慶應義塾大学出版会、二〇一二年）を参照。

(35) 天川晃「第一次吉田内閣」辻清明・林茂編『日本内閣史録』第五巻、第一法規出版社、一九八一年、八〇-八一頁。

(36) 前掲、一〇年史編纂委員会編『日本開発銀行一〇年史』四六八-四六九頁。

(37) これは造船業にとっても同様であった。当時の造船業は、仕事の受注不足に悩まされており、時に副業として鍋釜をつくることもしていたという。金杉秀信『金杉秀信オーラルヒストリー』慶應義塾大学出版会、二〇一〇年、四八頁。

(38) 前掲、海事産業研究所『日本海運戦後助成史』四八頁。

(39) 奥住弘久『公企業の成立と展開――戦時期・戦後復興期の営団・公社・公団』岩波書店、二〇〇九年、一五四―一六三頁。

(40) 前掲、三和『占領期の日本海運』一四二―一四四頁。

(41) 「船舶公庁設立要綱」(『公文類聚・第七十一編・昭和二十二年一月～五月』国立公文書館所蔵)。

(42) 前掲、奥住『公企業の成立と展開』一八〇―一八三頁。

(43) 前掲、海事産業研究所『戦後海運造船経営史研究会(ヒヤリング速記録)』七頁。

(44) 有田喜一『八十年の歩み――有田喜一自叙伝』有田喜一自叙伝刊行会、一九八一年、一七〇―一七一頁。

(45) 前掲、海事産業研究所『日本海運戦後助成史』四六頁。

(46) 前掲、『計画造船の記録』一二頁。

(47) 前掲、海事産業研究所『戦後海運造船経営史研究会(ヒヤリング速記録)』一三頁。

(48) 前掲、『計画造船の記録』一九頁。

(49) 同右、一三七頁。以降、公募要領(建造要領)は、同資料に記載された名称で示す。

(50) 前掲、海事産業研究所『日本海運戦後助成史』四九頁。

(51) 『読売新聞』一九四八年一月一五日。

(52) 以下、各次の計画造船の適格船主決定時における総トン数の数値は、必要に応じて三桁以下の数値の切り上げ等を行っている。このため結語における表結―1の数値と一致していない箇所がある。より詳細な数値は、結語の表結―1を参照されたい。

(53) 前掲、海事産業研究所『日本海運戦後助成史』四九頁。

(54) 前掲、三和『占領期の日本海運』一四六頁。

(55) 前掲、日刊海事通信社編『計画造船の記録』一三八頁。
(56) 前掲、海事産業研究所『日本海運戦後助成史』四九頁。
(57) 『読売新聞』一九四八年五月一八日。
(58) 「経済復興計画第一次試案」総合研究開発機構戦後経済政策資料研究会編『経済安定本部戦後経済政策資料 戦後経済計画資料』第一巻、日本経済評論社、一九九七年、一一〇 - 一一一頁。
(59) 前掲、日刊海事通信社編『計画造船の記録』二二 - 二三頁。
(60) 同右、二三頁。
(61) 『読売新聞』一九四八年一〇月一三日。前掲、海事産業研究所『日本海運戦後助成史』五〇頁。
(62) 前掲、日刊海事通信社編『計画造船の記録』一四一頁。
(63) 同右、二五頁。
(64) 『読売新聞』一九四八年一〇月二八日。
(65) 復金が高いインフレを引き起こしていた原因は、特定産業の赤字を補塡するなどの補助金的性格を有していたことや、日銀の信用に依存していたためであった。均衡財政と復金との関わりについて、池田勇人『均衡財政 附・占領下三年のおもいで』(中央公論新社、一九九九年)一五 - 二三頁を参照。
(66) 前掲、浅尾新甫『激動期の日本海運』三四頁。
(67) 前掲、海事産業研究所『戦後海運造船経営史研究会(ヒヤリング速記録)』七頁。
(68) 前掲、海事産業研究所『日本海運戦後助成史』七頁。
(69) 前掲、三和『占領期の日本海運』一五五 - 一五七頁。
(70) 前掲、有吉『占領下の日本海運』一八〇 - 一八一頁。
(71) 前掲、海事産業研究所『日本海運戦後助成史』八頁。

(72) 山縣勝見『風雪十年』海事文化研究所、一九五九年、四八―四九頁。
(73)『読売新聞』一九四八年二月四日。
(74) 工藤昭四郎発言（昭和二八年一月二八日）「戦後復興金融金庫の果たした役割」『戦後財政史口述資料』第四分冊、東京大学社会科学研究所図書室所蔵、一八―一九頁。
(75) 前掲、大蔵省財政史室編『昭和財政史――終戦から講和まで』第一三巻、九三三頁。
(76) 同右、九三五―九三六頁。
(77) 前掲、大蔵省財政史室編『対占領軍交渉秘録　渡辺武日記』一九四九年四月四、七、八日の条など。
(78) 前掲、大蔵省財政史室編『昭和財政史――終戦から講和まで』第一三巻、九三六―九四一頁。
(79) 同右、九五〇―九五一頁。
(80) 同右。
(81) 同右、九五一―九五二頁。
(82) 大蔵省財政史室編『昭和財政史――終戦から講和まで』第一八巻、東洋経済新報社、一九八二年、三六四頁。なお原資料は、金利の箇所は五分五厘となっており、そこに修正を入れて六分としている。「対日援助見返資金の海運融資条件について」（『第三次吉田内閣閣議書類綴（その一〇）昭和二四年八月中（一）（昭和二四年八月一日～八月一八日）』国立公文書館所蔵）。
(83) 前掲、大蔵省財政史室編『昭和財政史――終戦から講和まで』第一八巻、三六四頁。
(84)『読売新聞』一九四九年八月三日。
(85) 前掲、大蔵省財政史室編『対占領軍交渉秘録　渡辺武日記』一九四九年八月三日の条。
(86) 前掲、大蔵省財政史室編『昭和財政史――終戦から講和まで』第一三巻、九五三―九五四頁。
(87) 前掲、一〇年史編纂委員会編『日本開発銀行一〇年史』四九五頁。

(88)『海運議員連盟月報』一〇月号、一九四九年、三頁。なお、『海運議員連盟月報』は一九五一年の二月号から『海議連月報』へと名称変更された。このため名称については、刊行段階での名称で表記する。
(89)『海運議員連盟月報』五月号、一九四九年、一頁。
(90)『海運議員連盟月報』七月号、一九四九年、三―五頁。
(91)同右、四頁。
(92)『海運議員連盟月報』八月号、一九四九年、一頁。
(93)同右。
(94)前掲、日刊海事通信社編『計画造船の記録』一四一―一四二頁。
(95)第五次計画造船以降の船舶建造は外航就航可能な大型船が前提であるため、従来のような船型で細かく整理をする必要がなくなっている。したがって、これ以降の表記は、貨物船と油槽船の船舶の区別によって記すこととする。
(96)前掲、日刊海事通信社編『計画造船の記録』一八一頁。
(97)前掲、海事産業研究所『日本海運戦後助成史』五五頁。
(98)前掲、日刊海事通信社編『計画造船の記録』二八頁。
(99)前掲、浅尾『激動期の日本海運』三五―三六頁。
(100)前掲、俣野『俣野健輔の回想』二二三―二二四頁。
(101)前掲、中川『戦後日本の海運と造船』六九―七一頁。
(102)『海運議員連盟月報』一月号、一九五〇年、一七―二五頁。
(103)同右、一八―一九頁。
(104)同右、二〇頁。
(105)同右、二一頁。

(106)『海運議員連盟月報』二月号、一九五〇年、三 - 四頁。
(107)同右、五頁。
(108)同右、一五、一八頁。
(109)同右、一五 - 一三頁。
(110)『海運議員連盟月報』三月号、一九五〇年、三四 - 四一頁。
(111)同右、二六 - 二七頁。
(112)『海運議員連盟月報』五月号、一九五〇年、二一 - 三頁。
(113)「海運関係重要事項」総合研究開発機構『経済安定本部戦後経済政策資料』第四〇巻、日本経済評論社、一九九六年、六二四頁。
(114)『朝日新聞』一九五〇年八月八日。
(115)『読売新聞』一九五〇年一〇月三日夕刊。
(116)前掲、杉山『海運復興期の資金問題』一一 - 一三頁。
(117)『朝日新聞』一九五〇年一〇月六日。
(118)前掲、日本船主協会『日本船主協会二〇年史』一五二頁。
(119)『朝日新聞』一九五〇年一〇月二六日。
(120)『読売新聞』一九五〇年一〇月二七日。
(121)『読売新聞』一九五〇年一一月二日。
(122)「第六次造資は五対五」『金融財政事情』第一巻第二三号、一九五〇年、二九頁。
(123)秋山によれば、「私は元来友人の利用というのは好きではないのですが、背に腹はかえられず、一日同君を訪ね詳しく海運会社の実情を話したところ、大いに共鳴してくれ二人で法皇〔一万田のこと〕を口説こうということになりました」という。秋山の発言は、第五次と第六次の部分で時期的な混同がみられ、厳密な時期を特定しにくいものの、見返資金方式の話のなかで言及していること、長沼が大蔵事務次官であったのが一九五一年四月までであったことから、この時期についてのことと推察される。前掲、海事産業研究所『戦後海運造船経営史研究会（ヒヤリング速記録）』四八頁。また、秋山は旧陸軍施設の移管と運営の予算の確保についても長沼に事前に懇談することで実現を図ったことを述懐しており、この件も両者の緊密な関係を裏づけるものといえる。長沼源太編『長沼弘毅——長沼弘毅追悼録』あゆむ出版、一九七八年、一七〇頁。

(124) 前掲、日刊海事通信社編『計画造船の記録』三一頁。

(125) 同右、三一―三二頁。

(126) 同右、三三―三四頁。

(127) 同右、三二頁。

(128) 『朝日新聞』一九五一年二月三日。

(129) 『朝日新聞』一九五一年二月二一日。

(130) 前掲、日刊海事通信社編『計画造船の記録』三六―三八頁。

(131) 同右。

(132) 同右。

(133) 同右、三六頁。

(134) 前掲、運輸省五〇年史編纂室『運輸省五十年史』九三頁。

(135) 前掲、中川『戦後日本の海運と造船』七九頁。

(136) 「全銀協、造船（第七次）金融に要望書提出」『金融財政事情』第二第三七号、一九五一年、一二頁。

(137) 『読売新聞』一九五一年一一月一〇日。

(138) 前掲、日本船主協会『日本船主協会二〇年史』一五五頁。

(139) 「造船計画と所要資金の調達問題」『金融財政事情』第二巻第四七号、一九五一年、七頁。

(140) 「七次後期造船金融難航」『金融財政事情』第二巻第五〇号、一九五一年、一一頁。

(141) 『読売新聞』一九五一年一一月一七日。

(142) 『読売新聞』一九五一年一一月二九日。

(143) 『朝日新聞』一九五一年一二月六日。

(144) 『読売新聞』一九五一年一二月七日。

(145) 建造量を増やしたのは、山崎の案に対して一部の閣僚や自由党、第1章で述べた海議連の星島二郎会長が一〇万総トンへの不満を表明していたためと考えられる。『朝日新聞』一九五一年一二月七日。

(146) 前掲、海事産業研究所『戦後海運造船経営史研究会（ヒヤリング速記録）』二六頁。

(147) 「第七次新造船計画（後期分）の審査基準について（運輸省）」（『第三次吉田内閣次官会議資料綴・昭和二六年一一月一二日、一五日、一九日、二二日、二六日』国立公文書館所蔵）。この資料は一九五一年の八月付で作成されており、運輸省が審議会のために用意したものである。

(148) 前掲、海事産業研究所『戦後海運造船経営史研究会（ヒヤリング速記録）』二六頁。

(149) 「第一回造船業合理化審議会議事録　昭和二十六年八月二十七日」『石川一郎文書』（R番号一〇二）東京大学経済学部所蔵。同文書のR番号は、雄松堂出版（二〇〇一年）のものを指している。

(150) 「「建議に関する小委員会」議事録　昭和二十六年九月八日」『石川一郎文書』（R番号一〇二）東京大学経済学部所蔵。

(151) 同右。

(152) 前掲、海事産業研究所『日本海運戦後助成史』二九〇－二九一頁。

(153) 前掲、日刊海事通信社編『計画造船の記録』四〇頁。
(154)『海議連月報』一・二月号、一九五二年、八頁。
(155) 同右、一〇－一一頁。
(156) 同右、二七頁。
(157) 同右、二八頁。
(158) 同右、二九頁。
(159) 土光敏夫「講和発効と造船業」『産業と産業人』第五巻第六号、一九五二年、八七頁。
(160) 前掲、海事産業研究所『日本海運戦後助成史』五九頁。
(161)「造船業合理化審議会第三回総会議事録　昭和二十七年四月九日」『石川一郎文書』(R番号一〇二) 東京大学経済学部所蔵。
(162)「造船業合理化審議会小委員会議事録　昭和二十七年四月十日」『石川一郎文書』(R番号一〇二) 東京大学経済学部所蔵。
(163)「造船業合理化審議会小委員会議事録　昭和二十七年四月三十日」『石川一郎文書』(R番号一〇二) 東京大学経済学部所蔵。
(164) 同右。
(165) 前掲、日刊海事通信社編『計画造船の記録』四三頁。
(166)『読売新聞』一九五二年八月一四日。
(167) GHQ側は、復金と異なり見返資金をコントロール下に置くとともに、景気の調整に活用する狙いがあった。平田敬一郎・忠佐市・泉美之松編『昭和税制の回顧と展望』上巻、大蔵財務協会、一九七九年、三九二－三九三頁。
(168) 一井保造「海運の民営還元に際して」『海運』第二七一号、一九五〇年、四一頁。

(169) エコノミスト編集部編『戦後産業史への証言』第二巻、毎日新聞社、一九七七年、二六二頁。
(170) 河本敏夫『波濤三十年』三光汽船、一九六八年、七七‐八〇頁。
(171) 「造船業合理化審議会第二回総会議事録　昭和二十六年十一月二十二日」『石川一郎文書』(R番号一〇二)東京大学経済学部所蔵。
(172) 前掲、海事産業研究所『戦後海運造船経営史研究会(ヒヤリング速記録)』四五頁。
(173) 同右、四九頁。
(174) この審議会の性格が収集され、整理された情報の開示、共有の場であったという橋本寿朗の指摘はこうした状態の帰結ともいえる。前掲、橋本「戦略をもった調整者としての政府の役割」『社会科学研究』第四八巻第五号、二二五頁。

◆第3章　一九五〇年代の計画造船——政策の動揺と制度的定着

(1) 前掲、大蔵省財政史室編『昭和財政史——終戦から講和まで』第一三巻、九六‐九七頁。
(2) 前掲、工藤発言「戦後復興金融金庫の果たした役割」『戦後財政史口述資料』第四分冊、一一一‐一一四頁。
(3) 前掲、大蔵省財政史室編『昭和財政史——終戦から講和まで』第一三巻、一一八‐一二〇頁。
(4) 前掲、一〇年史編纂委員会『日本開発銀行一〇年史』三三頁。
(5) 同右、三五頁。
(6) 同右。
(7) 同右、四二頁。
(8) 同右、七一頁。
(9) 同右、七二頁。

(10) 同右、五頁。
(11) 同右、六六頁。
(12) 甘利昂一「造船工業発展の基盤――これを如何に確立すべきか」『産業と産業人』第五巻第六号、一九五二年、六〇－六一頁。
(13) 杉山和雄『戦間期海運金融の政策過程――諸構想の対立と調整』有斐閣、一九九四年、七二－七六頁。
(14) なお、日本船主協会は、一九四八年から海事金融機関設立の必要性を検討していた。この点は、杉山和雄「海運金融政策と日本船主協会（一九四八－一九五〇）――海事金融金庫設立問題」『成蹊大学経済学部論集』（第一九巻第二号、一九八九年）を参照。
(15) 今井栄文「船腹拡充策と船舶金融――海事金融機関設置の要請」『金融財政事情』第二巻第六号、一九五一年、一六頁。
(16) 同右、一九頁。
(17) 前掲、大蔵省財政史室編『昭和財政史――終戦から講和まで』第一三巻、一四三頁。
(18) 巻頭言「海事金融の再検討を望む」『海運』第二八五号、一九五一年、一頁。
(19) 『海議連月報』五・六月号、一九五二年、一七頁。
(20) 巻頭言「強力なる海運政策を望む」『海運』第二九二号、一九五一年、一頁。
(21) 『海議連月報』五・六月号、一九五二年、三六頁。
(22) 同右、四七頁。
(23) 同右、六八－六九頁。
(24) 同右、六七頁。
(25) 杉山和雄「海運金融政策と海運議員連盟（一九四九－一九五三）」『成蹊大学経済学部論集』第二二巻第二号、一九九二年、七八頁。
(26)『海議連月報』七・八月号、一九五二年、二頁。
(27)同右、一四−一五頁。
(28)同右、三六頁。
(29)前掲、杉山「海運金融政策と海運議員連盟」『成蹊大学経済学部論集』第二二巻第二号、八〇−八一頁。
(30)清川三郎「八次船の次に来るべきもの——船舶建造利子補給及び損失補償法の復活」『海運』第二九九号、一九五二年、一〇−一一頁。
(31)前掲、海事産業研究所『日本海運戦後助成史』二九三頁。
(32)前掲、杉山「海運金融政策と海運議員連盟」『成蹊大学経済学部論集』第二二巻第二号、八二頁。
(33)『海議連月報』一一・一二月号、一九五二年、八−一〇頁。
(34)同右、七頁。
(35)『海議連月報』一・二月号、一九五三年、四二頁。
(36)同右。
(37)運輸官僚の壺井玄剛によれば、そもそも一連の利子補給制度成立の経緯のなかで河本敏夫は積極的であったという。壺井は、「このとき最も効果的に活動して成果を収めて戴いたのは代議士の河本敏夫さんでした。ということは、当時、改進党がイニシアティーブ取っており二〇名ぐらいでしたが、自由本党と組んで自由党をけんせいし、キャスティングボードを握っていて、海運問題は河本さんの独り舞台でした」と回顧している。前掲、海事産業研究所『戦後海運造船経営史研究会(ヒヤリング記録)』二八頁。
(38)『海議連月報』一・二月号、一九五三年、五五−五六頁。
(39)『海議連月報』三月号、一九五三年、三頁。

(40) 同右、三一頁。

(41) 前掲、中北『一九五五年体制の成立』四五―四六頁。

(42) 『読売新聞』一九五三年七月三日。

(43) 改進党側のこうした交渉優位な状況認識を示すものとして、例えば、進藤榮一・下河辺元春編『芦田均日記』第四巻、岩波書店、一九八六年、一九五三年七月一四日の条。

(44) 加えて自由党側では、池田勇人政調会長の下で、前年に政調会長として「外航船舶建造融資利子補給法案」の政策調整に携わった水田三喜男が同副会長に就いていたことも、以後の交渉において改進党の修正案を受け入れる素地を提供していたように考えられる。水田三喜男追想集刊行委員会編『おもひ出――水田三喜男追想集』水田三喜男追想集刊行委員会、一九七七年、三三四―三三五、七一三頁。

(45) 「海運の利子補給実現の経緯をさぐる」『金融財政事情』第四巻第三三号、一九五三年、一一一―一一三頁。

(46) 『海議連月報』六・七月号、一九五三年、六〇―六四頁。

(47) 同右、六九―七〇頁。

(48) 『海議連月報』六・七月号、一九五三年、七五―八八頁。

(49) 有田喜一発言(一九五三年七月二五日)『第一六回国会衆議院運輸委員会議録第二五号』一九頁。

(50) 『読売新聞』一九五三年七月一八日。

(51) 大月久男発言(一九五三年七月二五日)『第一六回国会衆議院運輸委員会議録第二五号』二二頁。

(52) 佐藤栄作「政治と海運」『実業展望』第二四巻第一号、一九五二年、六七頁。

(53) 前掲、日本経営史研究所『創業百年史』四一二頁。

(54) 前掲、日刊海事通信社編『計画造船の記録』四五頁。

(55) 前掲、海事産業研究所『日本海運戦後助成史』六六頁。

（56）『読売新聞』一九五三年三月一九日。
（57）『読売新聞』一九五三年三月二一日。
（58）前掲、海事産業研究所『日本海運戦後助成史』二九六頁。
（59）エコノミスト編集部編『戦後産業史への証言』第五巻、毎日新聞社、一九七九年、一七六－一七七頁。
（60）前掲、日刊海事通信社編『計画造船の記録』四六頁。
（61）同右、四九頁。
（62）同右。
（63）同右、四九－五〇頁。前掲、海事産業研究所『日本海運戦後助成史』二九七頁。
（64）前掲、日刊海事通信社編『計画造船の記録』五〇頁。
（65）前掲、河本敏夫『波濤三十年』七九頁。
（66）前掲、海事産業研究所『戦後海運造船経営史研究会（ヒヤリング記録）』二八頁。
（67）例えば、社説として『朝日新聞』一九五三年六月二三日。論説として、浅尾新甫「海運政策急速の具体化せよ」『エコノミスト』第三〇巻第二九号、一九五二年。当時の状況を整理したものとして、前掲、石井「重点的産業振興と市場経済」『社会経済史学』第六三巻第一号、五九－六〇頁も参照。
（68）御厨貴・中村隆英編『聞き書　宮澤喜一回顧録』岩波書店、二〇〇五年、八二－八三頁。
（69）同右、八三頁。
（70）粒針修・壺井義城『さまざまなことおもひだすさくらかな――壺井玄剛伝』日刊海事通信社、一九九七年、九二頁。
（71）基本的な事実関係は、田中二郎・佐藤功・野村二郎編『戦後政治裁判史録』（第二巻、第一法規出版、一九八〇年）や渡邉文幸『指揮権発動――造船疑獄と戦後検察の確立』（信山社、二〇〇五年）を参照。また造船疑獄が争点化するなかでの佐藤栄作の動向に関しては、服部龍二『佐藤栄作――最長不倒政権への道』（朝日新聞出版、二〇一七年）と村井良太『佐藤栄作――戦後日本の政治指導者』（中央公論新社、二〇一九年）も参照。同様に池田勇人の動向は、藤井信幸『池田勇人――所得倍増でいくんだ』（ミネルヴァ書房、二〇一二年）一五一－一五三頁も参考とした。

（72）吉田首相が佐藤逮捕の阻止に踏み切ったのは、佐藤に対する献金は佐藤個人ではなく、自由党に対して行われたものであり、この献金は一九五三年一一月に鳩山派が復党するときに同派の借金の肩替りをした費用であったことから、佐藤を守ろうとしたためともいわれている。北岡伸一『自民党――政権党の三八年』読売新聞社、一九九五年、五九頁。衛藤瀋吉『佐藤栄作』時事通信社、一九八七年、一六〇－一六三頁。

（73）『日本経済新聞』一九五四年一月一六日。

（74）なお、横田愛三郎の証拠書類のなかには、「横田日記」（一九五〇年九月から一九五三年一二月まで）が存在する。東京大学大学院法学政治学研究科附属近代日本法政史料センター原資料部に所蔵されているこの日記は、「日記抄」とされており、四部存在する。四部のうち一部が書類本体と考えられ、そこには朱字でチェックなどがされており、残りの三部はこの本体からチェックした部分を抜き出して再整理したものと推察される。「日記抄」の本体に関して、例えば、横田が大蔵大臣時代の池田勇人に新造船問題で相談した際の「のれんをもち、組織をもち、人をもってる山下の如きは其内へ入るべき事（二隻）につき国策としての発言方を求め、頼む、判りました、話しませう、といってくれる」を含む記述（一九五一年三月一〇日の条）や松野頼三に新造船で相談した「新造船問題につき懇談、頼む」を含む記述（一九五三年二月一一日の条）、佐藤栄作を訪問した箇所（一九五三年二月一二日の条）や運輸省関係者と会った記述などにチェックが施されている。「証拠書類写（六グループ）横田日記」『造船疑獄訴訟関係文書』東京大学大学院法学政治学研究科附属近代日本法政史料センター原資料部所蔵（目録は、東京大学法学部近代立法過程研究会『「造船疑獄」刑事訴訟記録（木戸孝彦法律事務所関係）』東京大学法学部近代立法過程研究会、一九七四年）。

（75）『読売新聞』一九五四年一月二五日夕刊。この段階において岸信介は、弟である佐藤栄作に忠告していた。岸によれば、「事の重大さを感じて佐藤幹事長に「これは拡大するよ」と忠告したが、佐藤は「たいしたことはないですよ」と、取り合わなかった」という。岸信介『岸信介回顧録――保守合同と安保改定』廣済堂出版、一九八一年、一一〇－一一一頁。他方、佐藤は造船疑獄の経過について、「仲々の問題にして之が取り扱ひは誠にむつかしい。政界の為且又国際信用の点からしても且又内政の面からしても心から発展しない事を祈念する」と記していた。前掲、佐藤『佐藤栄作日記』第一巻、一九五四年一月二六日の条。

（76）『日本経済新聞』一九五四年一月二六日。

（77）『日本経済新聞』一九五四年二月九日。

（78）『読売新聞』一九五四年二月一八日、『読売新聞』一九五四年四月一四日など。国会の騒然とする雰囲気は、進藤榮一・下河辺元春編『芦田均日記』（第五巻、岩波書店、一九八六年）一九五四年二月二五日の条を参照。なお、二月一に三木武吉の来訪を受けた石橋湛山は、「造船に関するスカンダル事件にて内閣が倒る丶やも知れずと。スカンダル事件にて内閣が倒れるは明治以来の常例なれども困ったものなり」と日記に記している。石橋湛一・伊藤隆編『石橋湛山日記　昭和二〇－三一年』下、みすず書房、二〇〇一年、一九五四年二月一日の条。

（79）前掲、佐藤『佐藤栄作日記』第一巻、一九五四年四月一四日の条。『読売新聞』一九五四年四月一七日夕刊。

（80）造船疑獄を担当した元捜査官によれば、自由党幹事長であった佐藤栄作と政調会長であった池田勇人が主たる逮捕の対象候補として考えられていたという。読売新聞社会部『捜査――汚職をあばく』有紀書房、一九五七年、二二一頁。この点に関しては、政界側も同様の認識を有していたことがわかる。尚友倶楽部・中園裕・内藤一成・村井良太・奈良岡聰智・小宮京編『河合弥八日記　戦後篇』第三巻、信山社、二〇一八年、一九五四年四月一九、二一日の条。

(81) 木村禧八郎発言（一九五三年七月二三日）『第一六回国会参議院予算委員会会議録第二一号』七頁。
(82) 同右、八–九頁。
(83) 同右、九頁。
(84) 同右、一〇頁。
(85)『読売新聞』一九五四年二月二三日夕刊。
(86) 升味準之輔『戦後政治 一九四五–一九五五年』下、東京大学出版会、一九八三年、四二七–四三四頁。
(87) とりわけ米田は、海運業界側の陳情を精力的にこなしたとされる。有田喜一によれば、「殆んど彼が先頭に立って、陳情を一手に引き受けてやっていたが、（中略）どんなに朝早くても、又どんなに夜遅くとも、こと海運に関する陳情のあるとき、彼が姿を見せないことはなかった」という。この精力的な陳情活動ぶりは、一九五八年に秘書となる岩崎正巳も同じく指摘している。米田冨士雄追想録編さん委員会編『米田冨士雄追想録』米田冨士雄追想録編さん委員会、一九七九年、一四、八三頁。
(88) 米田冨士雄発言（一九七五年九月二〇日）「米田冨士雄氏にきく会（第一二回）」海事図書館所蔵、九–一〇頁。
(89) 前掲、日本船主協会『日本船主協会二〇年史』七九八–八〇〇頁。
(90) 前掲、米田発言「米田冨士雄氏にきく会（第一二回）」一五–一六頁。
(91) 前掲、海事振興連盟『三十五年の歩み』一七頁。
(92) 協議会の理事会では海運局長や船舶局長が出席して意見を述べるなど、国会の事前審議的な役割を果たしており、実質的には海議連に近い役割を担っていたと考えられる。同右、一三〇–一三一頁。
(93) 巻頭言「三国間配船による外貨運賃の報償制度だけでも実施せよ」『海運』第三二一号、一九五四年、一頁。
(94) 伊志佐基「一九五四年の海運市況の基本問題」『海運』第三一六号、一九五四年、二一頁。
(95)『日本経済新聞』一九五四年二月一七日。

(96) 前掲、『計画造船の記録』五二頁。
(97) 『日本経済新聞』一九五四年二月二三日。
(98) 『読売新聞』一九五四年二月二八日。
(99) 『日本経済新聞』一九五四年三月四日。
(100) 岡田修一「今後の計画造船は根本的に考え直さねばならぬ」『海運』第三一九号、一九五四年、四二頁。
(101) 佐藤喜一郎「市銀の造船融資は其対象となり得なくなった」『海運』第三一九号、一九五四年、四七頁。
(102) 『読売新聞』一九五四年四月四日。
(103) 『日本経済新聞』一九五四年四月四日。
(104) 前掲、『計画造船の記録』五二頁。
(105) 『読売新聞』一九五四年四月一一日。
(106) 『読売新聞』一九五四年四月一七日。
(107) 前掲、『計画造船の記録』五三頁。
(108) 『日本経済新聞』一九五四年四月一七日。
(109) 『朝日新聞』一九五四年四月二二日。
(110) 『日本経済新聞』一九五四年五月一二日。
(111) 『朝日新聞』一九五四年五月二一日。
(112) 『朝日新聞』一九五四年五月二二日。
(113) 前掲、海事産業研究所『日本海運戦後助成史』六八頁。
(114) 今井栄文「第十次造船について」『海運』第三二三号、一九五四年、三頁。
(115) 『読売新聞』一九五四年六月二九日。

(116) 前掲、『計画造船の記録』五四－五五頁。

(117) 前掲、海事産業研究所『日本海運戦後助成史』三〇二頁。

(118) 同右、三〇二－三〇三頁。

(119) 「展望」『海運』第三二五号、一九五四年、七一頁。

(120) 前掲、『計画造船の記録』五六頁。

(121) 「展望」『海運』第三二六号、一九五四年、七一頁。

(122) 前掲、『計画造船の記録』五六－五七頁。前掲、海事産業研究所『日本海運戦後助成史』六八頁。

(123) 粟沢一男「明年度新造計画も市銀融資の協力方法を考え度い」『海運』第三二七号、二二頁。

(124) 前掲、中川『戦後日本の海運と造船』二〇五頁。

(125) 『読売新聞』一九五四年一二月一一日。

(126) 『朝日新聞』一九五四年一二月二四日。

(127) 『読売新聞』一九五五年一月八日。

(128) 『朝日新聞』一九五五年一月一八日夕刊。

(129) 『読売新聞一九五五年三月二三日。

(130) 『朝日新聞』一九五五年四月二日。

(131) 前掲、大蔵省財政史室編『昭和財政史――昭和二七～四八年度』第二巻、七八－九一頁。

(132) この時の予算編成は、総合経済六カ年計画と「一兆円予算」の関係をめぐり、大蔵省と経審庁が衝突をした。年次計画は予算との兼ね合いで縮小を余儀なくされている。このことが、大蔵省から予算編成権限を委譲する等の経審庁強化案へとつながり、一九五五年七月の経済企画庁への改組とつながるのである。こうした点は、前掲、牧原『内閣政治と「大蔵省支配」』一五三－一五七頁を参照。

(133) 前掲、『計画造船の記録』五八－五九頁。
(134) 前掲、海事産業研究所『日本海運戦後助成史』三〇三頁。
(135) 同右。
(136) 前掲、『計画造船の記録』五九頁。
(137) 『読売新聞』一九五五年六月一九日。
(138) 前掲、『計画造船の記録』五九－六〇頁。
(139) 『読売新聞』一九五五年六月二八日夕刊。
(140) 前掲、海事産業研究所『日本海運戦後助成史』三〇五頁。
(141) 前掲、日本造船工業会『日本造船工業会三〇年史』三四頁。
(142) 前掲、『計画造船の記録』六〇－六一頁。
(143) 同右、六一頁。
(144) 同右。
(145) ここで表記される重量トンとは、総トンと異なり貨物船で一般的に用いられる、搭載できる最大重量を示すものである。
(146) 前掲、日本船主協会『日本船主協会二〇年史』一六二頁。
(147) 前掲、『計画造船の記録』六四頁。
(148) 「経済自立五ヶ年計画　附各部門別計画資料」総合研究開発機構戦後経済政策資料研究会『国民所得倍増計画資料』第一巻、日本経済評論社、一九九九年。
(149) 同右、一三一頁。この数値は、一九五五年一二月五日に経済審議会が答申した六カ年計画案であり、計画年数が六年から五年に変更される前の資料であるが、切り替えに伴い「〔昭和〕三五年度（目標年次）の数字は変更しない」

としている(同右、一二頁)。

(150) 前掲、海事産業研究所『日本海運戦後助成史』六九頁。

(151) 同右、六九‐七〇頁。前掲、『計画造船の記録』六四頁。

(152) 『朝日新聞』一九五六年一月七日。

(153) 『読売新聞』一九五六年一月二一日。

(154) 前掲、日本船主協会『日本船主協会二〇年史』一六三頁。

(155) 蒲章「海運政策の在り方――国内経済政策との関連について」『海運』第三四四号、一九五六年、一四頁。

(156) 『朝日新聞』一九五六年二月三日、『読売新聞』一九五六年二月三日。

(157) 前掲、『計画造船の記録』六五頁。『読売新聞』一九五六年二月四日。

(158) 前掲、『計画造船の記録』六五‐六六頁。

(159) 『朝日新聞』一九五六年二月七日。

(160) 「展望」『海運』第三四二号、一九五六年、七三頁。

(161) 融資規制の構想は、通産省が経審庁に「投資協議会」の設置を検討し、金融に対する権限を大蔵省から奪おうとしたものである。この時期の融資規制をめぐる動きは、前掲、牧原『内閣政治と「大蔵省支配」』一五七‐一五八頁を参照。

(162) 大蔵省財政史室編『昭和財政史――昭和二七~四八年度』第一〇巻、東洋経済新報社、一九九一年、一三二‐一三五頁。

(163) 前掲、海事産業研究所『日本海運戦後助成史』七〇頁。

(164) 同右、三〇六‐三〇七頁。

(165) 前掲、『計画造船の記録』六六‐六七頁。

(166) 同右、六七頁。
(167) 「展望」『海運』第三四五号、一九五六年、七三頁。
(168) 前掲、『計画造船の記録』六八頁。
(169) 同右、六九頁。
(170) 同右、六九－七〇頁。
(171) 巻頭言「自己資金船建造の奨励と三一、二年度計画造船の一挙割当」『海運』第三四〇号、一九五六年、一頁。
(172) 巻頭言「海運業の増資と復配問題」『海運』第三四二号、一九五六年、一頁。
(173) 「展望」『海運』第三四三号、一九五六年、七六頁。
(174) 『読売新聞』一九五六年二月二三日。
(175) 『朝日新聞』一九五六年三月二四日。
(176) 「展望」『海運』第三四四号、一九五六年、一一九頁。
(177) 『朝日新聞』一九五六年三月二八日。
(178) 前掲「展望」『海運』第三四四号、一一九頁。
(179) 『読売新聞』一九五六年四月五日。
(180) 前掲、「展望」『海運』第三四四号、一一九頁。
(181) 同右。
(182) 前掲、日本経営史研究所編『創業百年史』四二三頁。
(183) 前掲、海事産業研究所『日本海運戦後助成史』一八頁。
(184) 同右、七一頁。
(185) 前掲、日本造船工業会『日本造船工業会三〇年史』一四九頁。

(186) 同右。

(187) 同右、一五一―一五二頁。

(188) 前掲、日本船主協会『日本船主協会二〇年史』一九三頁。

(189) 「展望」『海運』第三四七号、一九五六年、一〇三頁。

(190) 前掲、『計画造船の記録』七四頁。

(191) 同右。

(192) 同右。

(193) 前掲、海事産業研究所『日本海運戦後助成史』三〇七頁。

(194) 同右、三〇八頁。

(195) 『朝日新聞』一九五六年九月二六日。

(196) 『朝日新聞』一九五六年一〇月一八日。

(197) 「展望」『海運』第三四九号、一九五六年、七四頁。

(198) 沢雄次「十三次船の財政資金は楽観している」『海運』第三五〇号、一九五六年、七三頁。

(199) 蒲章「利子補給問題が難関」『海運』第三五一号、一九五六年、二三頁。

(200) この予算編成における党と大蔵省の対立は、前掲、牧原『内閣政治と「大蔵省支配」』一六六―一六八頁を参照。

(201) 『朝日新聞』一九五七年一月一一日。

(202) 『朝日新聞』一九五七年一月一六日、『読売新聞』一九五七年一月一六日。

(203) 『朝日新聞』一九五七年一月一九日。

(204) 冨森叡児『戦後保守党史』岩波書店、二〇〇六年、一一五―一一六頁。

(205) 『日本経済新聞』一九五七年一月二二日夕刊、一月二三日。

(206)『日本経済新聞』一九五七年一月一九日夕刊。
(207)前掲、日本船主協会『日本船主協会二〇年史』一六七頁。
(208)前掲、海事産業研究所『戦後海運造船経営史研究会(ヒヤリング記録)』二六一頁。
(209)前掲、日本船主協会『日本船主協会二〇年史』八〇二頁。米田冨士雄も、山縣と同行して池田蔵相に会い、同様の発言があったことを回顧している。代田武夫『日本海運〝死闘〟の航跡――集約・再編成史』シッピング・ジャーナル社、一九七九年、二五九頁。
(210)前掲、『計画造船の記録』七六頁。
(211)『朝日新聞』一九五七年一月二六日夕刊、一月二七日。
(212)前掲、『計画造船の記録』七六頁。
(213)同右。
(214)脇村義太郎「計画造船と合理化――海運・造船対策はどうあるべきか」『東洋経済新報』第二六一九号、一九五四年、四七頁。
(215)「展望」『海運』第三五四号、一九五七年、七九頁。
(216)同右。
(217)前掲、『計画造船の記録』一五八頁。
(218)巻頭言「計画造船の財政資金融資率――国際競争力附与という見地に立って」『海運』第三五五号、一九五七年、一頁。
(219)「展望」『海運』第三五六号、一九五七年、一二五頁。
(220)『朝日新聞』一九五七年四月四日。
(221)前掲、海事産業研究所『日本海運戦後助成史』七二頁。

(222) 前掲、『計画造船の記録』七七頁。

(223) 『読売新聞』一九五七年五月一八日。

(224) なお、第一三次計画造船におけるこうした「運動」の一端が窺える資料として、三木武夫の下に残された「第十三次造船　栃木汽船（三井造船）に割当てる事」と記されたものがある。これは、栃木汽船（栃木汽船のこと）への割り当てを求めるものであり、ここでも「戦時中の喪失船が同クラスでは一番多い」ことが割り当てを要望する理由に掲げられていることが看取できる。「第十三次造船　栃木汽船（三井造船）に割当てる事」『オンライン版　三木武夫関係資料』丸善雄松堂、二〇一九年。

(225) 「展望」『海運』第三五六号、一九五七年、一二五頁。これと並行して長期的な船価安定の対策が検討された。『読売新聞』一九五七年四月二四日。

(226) 「展望」『海運』三五七号、一九五七年、七九頁。

(227) 前掲、『計画造船の記録』七九頁。

(228) 前掲、若林「一九五〇年代の海運政策と造船疑獄」『年報行政研究』第五一号、一〇〇–一〇一頁。

◆第4章　高度経済成長期のなかの計画造船――制度的定着後の政治的再活性化

(1) 『朝日新聞』一九五七年五月二三日夕刊。

(2) 前掲、日刊海事通信社編『計画造船の記録』八六–八七頁。

(3) 『朝日新聞』一九五七年九月一〇日。

(4) 前掲、日刊海事通信社編『計画造船の記録』八七–八八頁。

(5) 同右、八八頁。

(6) 同右。『朝日新聞』一九五八年一月三〇日。

(7) 前掲、日刊海事通信社編『計画造船の記録』八九頁。
(8) 同右、九〇‐九一頁。
(9) 例えば、『日本経済新聞』一九五八年七月一三日、八月二日。
(10) 『朝日新聞』一九五八年八月一六日、二八日。
(11) 前掲、日刊海事通信社編『計画造船の記録』九一‐九二頁。
(12) 『朝日新聞』一九五八年九月一〇日。
(13) 前掲、日刊海事通信社編『計画造船の記録』九二頁。『日本経済新聞』一九五八年八月二一、二六日。
(14) 前掲、日刊海事通信社編『計画造船の記録』九二頁。
(15) 「腰くだけの十四次造船融資顛末記」『金融財政事情』第九巻第四二号、一九五八年、一三頁。『日本経済新聞』一九五八年八月二日。
(16) 前掲、海事産業研究所『戦後海運造船経営史研究会（ヒヤリング記録）』七四頁。
(17) 「十四次計画造船決定をめぐって――依然多かった政治的要素とその教訓」『日本経済新報』第一一巻第三一号、一九五八年、四六‐四七頁。『朝日新聞』一九五八年一〇月三日。
(18) 前掲、日刊海事通信社編『計画造船の記録』九四‐九五頁。
(19) 前掲、海事産業研究所『日本海運戦後助成史』三一八‐三一九頁。
(20) 前掲、日刊海事通信社編『計画造船の記録』九五頁。
(21) 同右、九六‐九七頁。
(22) 同右、九七頁。『読売新聞』一九五八年一二月二一日。
(23) 前掲、日刊海事通信社編『計画造船の記録』一〇三頁。
(24) 前掲、海事産業研究所『日本海運戦後助成史』三一九頁。

(25) 同右、三二〇頁。

(26) 一九五九年一〇月二六日付の説明資料による。「外航船舶建造融資利子補給及び損失補償法の一部を改正する法律案」(『運輸省関係審議録(昭和三九年分まで)法律一六』国立公文書館所蔵)。なお政治的な理由に言及したハの箇所には、「政治的には機が熟してなかった」とメモ書きがされている。

(27) 前掲、日刊海事通信社編『計画造船の記録』一〇六頁。

(28) 同右。『日本経済新聞』一九五九年五月二〇日。

(29) 前掲、日刊海事通信社編『計画造船の記録』一〇八頁。

(30) 前掲、海事産業研究所『日本海運戦後助成史』七五頁。

(31) 同右。

(32) 一九五七年に開銀副総裁となった平田敬一郎は、計画造船に対する開銀審査の状況について「運輸省と相談しまして、最初は運輸省の原案が非常に強くものを言ったんですが、だんだん開銀の意見が強くなったようになって来つつありました。しかし、どうしても割当式ですからね、弊害を伴うので、私が行きまして間もなくのこと、市中銀行とも相談しまして、返済力があるかどうかを融資する際にもっとも重視しようという金融ベース重視ということ」を打ち出しつつあったという。前掲、海事産業研究所『戦後海運造船経営史研究会(ヒヤリング記録)』二三四頁。

(33) 日刊海事通信社編『計画造船の記録』第二集、日本海事図書出版、一九六一年、一頁。『読売新聞』一九五九年八月一六日。

(34) 前掲、日刊海事通信社編『計画造船の記録』第二集、一―二頁。

(35) 同右、一頁。

(36) 前掲、海事産業研究所『日本海運戦後助成史』三二三頁。

(37) 同右、三二四頁。

（38）前掲、日刊海事通信社編『計画造船の記録』第二集、六九頁。
（39）同右、七五－七七頁。
（40）同右、七八－八〇頁。「外航船舶建造融資利子補給及び損失補償法の一部を改正する法律案」（『運輸省関係審議録（昭和三九年分まで）法律一六』国立公文書館所蔵）。同資料内において、この「海運対策について」を確認することができる。同じく「海運対策に関する新政策」『政策月報』（第四六号、一九五九年）も参照。
（41）前掲、代田『日本海運〝死闘〟の航跡』二五九頁。「楢橋渡伝」編集委員会編『楢橋渡伝』「楢橋渡伝」出版会、一九八二年、三三六－三三九頁も参照。
（42）前掲、日刊海事通信社編『計画造船の記録』第二集、二頁。『朝日新聞』一九六〇年一月一三日。
（43）「展望」『海運』第三八九号、一九六〇年、八五頁。
（44）『朝日新聞』一九六〇年二月一一日。「海運の企業合理化が足りない」という記述は、一九六〇年一月二七日付の「外航船舶建造融資利子補給及び損失補償法の一部を改正する法律案要綱」上に大蔵省からの反対理由とする手書きのメモがされている点に基づく。この資料は、契約対象期間について「三年にするか、五年にするかを争っている」とも記されている。「外航船舶建造融資利子補給及び損失補償法の一部を改正する法律案」（『運輸省関係審議録（昭和三九年分まで）法律一六』国立公文書館所蔵）。
（45）『朝日新聞』一九六〇年三月二、三日。一九六〇年三月二日付の「外航船舶建造融資利子補給及び損失補償法の一部を改正する法律案要綱」上には、手書きのメモで「三月二日の交通部会は了解」、「政審は一、四、五には反対ということになり、政調会長が蔵相・運輸相と協議し一はやめ、四、五はそのままにしておくこととなった」と経過が記されている。なお一、四、五という数字は、要綱における利子補給の契約対象期間を一九六〇年度以降の五年間に限ること（一）、開銀に対する利子補給の規定の廃止（四）、一九六〇年度以降の当面の間、損失補償の契約ができないこと（五）という項目を指している。さらに三月三日付の同名資料では、自民党政審の意見を反映して項目の整理を行い、「閣議文書を訂正して内閣に送付した」とメモがされている。「外航船舶建造融資利子補給及び損失補償法の一部を改正する法律案」(『運輸省関係審議録(昭和三九年分まで)法律一六』国立公文書館所蔵)。

(46) 関谷勝利発言(一九六〇年三月二五日)『第三四回国会衆議院運輸委員会議録第九号』七-九頁。

(47) 前掲、海事産業研究所『日本海運戦後助成史』三二四頁。

(48)「海運造船合理化審議会第二十九回総会議事録」(『木内信胤関係文書(その一)』国立国会図書館憲政資料室所蔵)四頁。

(49) 前掲、日刊海事通信社編『計画造船の記録』第二集、四、一一一-一一四頁。

(50) 同右、六頁。『日本経済新聞』一九六〇年一二月三日。

(51) 前掲、日刊海事通信社編『計画造船の記録』第二集、六頁。

(52) 前掲、海事産業研究所『日本海運戦後助成史』七六-七七頁。

(53)「海運局重要政策要綱」(『木内信胤関係文書(その一)』国立国会図書館憲政資料室所蔵)。

(54) 前掲、日刊海事通信社編『計画造船の記録』第二集、二三頁。

(55) 同右、二四頁。なお、一九六一年一月一三日に佐藤栄作は、保野健輔らと海運対策を議論した後、木暮運輸相と福家俊一運輸政務次官と会い、利子補給等の海運対策を議論している。前掲、佐藤『佐藤栄作日記』第一巻、一九六一年一月一三日の条。また、予算編成過程で精力的な陳情活動を行った山縣勝見は、開銀金利引き下げの実現について政調会への事前調整が重要であったと振り返っている。山縣勝見「本年度予算の成果よりして来年度への備えを思う」『海運』第四〇二号、一九六一年、四〇頁。

(56)「日本開発銀行に関する外航船舶建造融資利子補給臨時措置法案」(『運輸省関係審議録(昭和三九年分まで)法律一六』国立公文書館所蔵)。この資料の上部には、「本年は開銀の分をやることになった。海運市況は依然として悪い。海運業の強化を図るべしとする一部の世論を背景とする」という点や、日本輸出入銀行の金利を「標準とするという建前、三年間と限定した」ことなどがメモ書きされている。なお、日本輸出入銀行の金利を標準とすることは、予算折衝の際に木暮運輸相と水田蔵相との間で決められたものである。『朝日新聞』一九六一年一月二〇日。

(57) 久保三郎発言（一九六一年三月二八日）『第三八回国会衆議院運輸委員会議録第一八号』二−三頁。

(58) 小酒井義男発言（一九六一年五月一八日）『第三八回国会参議院運輸委員会会議録第三〇号』一頁。

(59) 前掲、日刊海事通信社編『計画造船の記録』第二集、二四−二五頁。

(60) 同右、三三−三七頁。

(61) 同右、二八−二九頁。『日本経済新聞』一九六一年七月七日。

(62) 『読売新聞』一九六一年七月二〇日。『日本経済新聞』一九六一年七月二〇日夕刊。

(63) 前掲、日刊海事通信社編『計画造船の記録』第二集、二九頁。

(64) 同右、二九頁。

(65) 同右、三一頁。

(66) 同右、二六頁。なお国民所得倍増計画では、一九六一年度からの一〇年間で必要な建造量は九七〇万総トン（年間ベースで九七万総トン）とされている。「国民所得倍増計画（付経済審議会答申）」総合研究開発機構戦後経済政策資料研究会『国民所得倍増計画資料』第一九巻、日本経済評論社、二〇〇〇年、一〇五頁。

(67) 前掲、日刊海事通信社編『計画造船の記録』第二集、二六、一二二−一二三頁。

(68) 同右、二七頁。『日本経済新聞』一九六一年八月一五日夕刊。

(69) 前掲、日刊海事通信社編『計画造船の記録』第二集、二七−二八頁。『朝日新聞』一九六一年九月五日夕刊。

(70) 前掲、日刊海事通信社編『計画造船の記録』第二集、三〇−三一頁。

(71) このことは、第一八次計画造船に向かう過程で、池田首相が計画造船の廃止の意向を示したことにも象徴される。『朝日新聞』一九六二年一〇月一九日夕刊。とはいえ、池田首相の発言後、綾部健太郎運輸相や宮澤喜一経済企画庁長官は、少なくとも第一八次計画造船は実施する方向であることを強調している。『読売新聞』一九六二年一〇月一九日夕刊。

(72) 海運集約の過程については、前掲、地田『日本海運の高度成長』第二章が経済史・経営史の観点から詳細に検討している。

(73) 前掲、海事産業研究所『日本海運戦後助成史』三〇–三一頁。

(74) 代田武夫『秘録　海運業の集約と再建』潮流社、一九六五年、二〇–二二頁。加えて、一九六二年五月四日付で閣議了解された「海運企業の整備に関する臨時措置法律案に関する件」では、「今回の措置は、海運企業の整理合理化について企業自体が徹底した合理化計画（減資、資産処分、合併等を含む。）を実施し、かつ、関係市中金融機関もこれに協力するという態勢の下に企業が完全に立ち直ることを前提とする措置であって、政府としては、今後更に他の助成措置をとることは考えない」と、海運業界に対して厳しい姿勢をとっていることも廃案に影響しているといえよう。「海運企業の整備に関する臨時措置法案について」（『内閣公文・運輸・海運・一般・第一巻』国立公文書館所蔵）。

(75) 「海運業の再建整備に関する臨時措置法案」（『運輸省関係審議録（昭和三九年分まで）法律三二』国立公文書館所蔵）。

(76) 前掲、海事産業研究所『日本海運戦後助成史』一三六–一三七頁。脇村義太郎『二十一世紀を望んで——続　回想九十年』岩波書店、一九九三年、一四五–一五〇頁。

(77) 前掲、海事産業研究所『日本海運戦後助成史』一三七頁。

(78) 同右、三三二頁。

(79) 同右。なお内閣法制局に残された運輸省関係の公文書資料（「海運対策に関する建議」）では、（2）の「合併の形態」に下線が引かれ、項目の最後に「業務提携は不可。ニューヨーク三グループうまくいっていない」とメモ書きがされている。ここに海運集約に向けた強い政策志向を看取することが可能であろう。「海運業の再建整備に関する臨時措置法案」（『運輸省関係審議録（昭和三九年分まで）法律三二』国立公文書館所蔵）。

(80) 審議会での建議案の検討に向けて用意されていた「海運対策に関する審議経過報告書」にあるように、計画造船も集約化した企業に限定する方針であった。「海運業の再建整備に関する臨時措置法案」（『運輸省関係審議録（昭和三九年分まで）法律三二』国立公文書館所蔵）。

(81) なお代田武夫によれば、当初の会長は池田正之輔であったようである。代田の所収資料によれば、会長を除くメンバーは、五十音順に愛知揆一、一万田尚登、鈴木善幸、水田三喜男、竹山祐太郎、中村幸八、西村直己、野田卯一、増田甲子七、村上勇、山中貞則、迫水久常、杉原荒太である（一九六三年九月二三日時点）。前掲、代田『秘録海運業の集約と再建』三五頁。同『日本海運〝死闘〟の航跡』七四頁も参照。他方、自民党の『政策月報』内の解説記事では、海運再建懇談会は一〇月一一日より発足となっており、『政策月報』内にある政務調査会日誌でも九月開催を確認できず、一〇月一一日から活動が始まっているため、その日を発足日としている（『政策月報』第八二号、一九六二年、一七二頁）。またメンバーも、代田の所収資料とは異なっている箇所がある。解説記事では、会長である灘尾を除くメンバーは、池田正之輔、鈴木善幸、竹山祐太郎、中村幸八、西村直己、野田卯一、増田甲子七、村上勇、山中貞則、迫水久常、杉原荒太であり、前述した愛知揆一、一万田尚登、水田三喜男は掲載されていない。代田の所収資料と『政策月報』の記述の点を併せて考えると、一〇月一一日の正式な発足日までに池田から灘尾への会長交代を含めメンバーにも変更があったのであろう。これらの点は、宮本吉夫「海運の再建方策について」『政策月報』（第八五号、一九六三年）三〇三頁を参照。

(82) 前掲、海事産業研究所『戦後海運造船経営史研究会（ヒヤリング記録）』七一頁。またメンバー構成には、「この懇談会は、政調会、執行部、総務会、国会対策委員会、参議院等の幹部を網羅したものであり、これは、そこで得た成案は挙党的なものとしてそのまま具現化しようとする意図」があったとしている。前掲、宮本「海運の再建方策について」『政策月報』第八五号、三〇三頁。

(83) 前掲、海事産業研究所『日本海運戦後助成史』一三八頁。

(84) 前掲、代田『秘録　海運業の集約と再建』三九－四〇頁。

(85) 同右、四〇頁。なお前述した運輸省関係の公文書資料では、同名資料内の「自由企業尊重」に下線が引かれ、船舶保有公団にバツ印がメモ書きとして付けられている。「海運業の再建整備に関する臨時措置法案」(『運輸省関係審議録(昭和三九年分まで)法律三二』国立公文書館所蔵)。

(86) 前掲、海事産業研究所『日本海運戦後助成史』一三九頁。

(87) 前掲、海事産業研究所『戦後海運造船経営史研究会(ヒヤリング記録)』七二頁。

(88) 「海運業の再建整備に関する臨時措置法案」(『運輸省関係審議録(昭和三九年分まで)法律三二』国立公文書館所蔵)。

(89) 前掲、海事産業研究所『日本海運戦後助成史』一三九頁。

(90) 同右、一四一－一四二頁。

(91) 前掲、代田『秘録　海運業の集約と再建』四八－五三、六八－六九頁。

(92) 同右、八八－八九頁。

(93) 前掲、海事産業研究所『日本海運戦後助成史』一四九－一五〇頁。

(94) 同右、一五〇頁。

(95) 前掲、運輸省五〇年史編纂室編『運輸省五十年史』一六七頁。

(96) 前掲、海事産業研究所『戦後海運造船経営史研究会(ヒヤリング記録)』七一頁。

(97) 「特振法案」をめぐる政治過程は、前掲、大山『行政指導の政治経済学』第五章が詳しい。

(98) 当時の「特振法案」の性格に対する議論は、例えば有澤廣巳による『朝日新聞』一九六三年六月一七日の記事を参照。

(99) 例えば、一九七一年に日本郵船社長となった菊池庄次郎は、「銀行がイニシアチブをとって海運集約をして、合理化もやらせ、金利の棚上げまでやって、利子補給の幅も広げたのですね。そういう助成策をとって、海運会社の経理をできるだけノーマルに近いものに持っていこうという意図だったと思います」と振り返っている。エコノミスト編集部編『証言・高度成長期の日本』上、毎日新聞社、一九八四年、二四四頁。また前掲、海事産業研究所『戦後海運造船経営史研究会（ヒヤリング記録）』二六二頁も参照。

(100) 『朝日新聞』一九六四年一一月一一日。

(101) 第二〇次計画造船と第二一次計画造船の概要は、日刊海事通信社編『計画造船と公団船の記録』協同企画社、一九六九年、九二―九三、九七―九九頁を参照。

(102) 前掲、地田『日本海運の高度成長』一頁。なお、海運集約の成果が造船疑獄の負の記憶と計画造船の「総花主義」の克服にあったとする後年の評価については、前掲、米田『現代日本海運史観』四五二―四五三頁も参照。

(103) 前掲、代田『日本海運〝死闘〟の航跡』二五七頁。

(104) 日本船主協会会長であった岡田俊雄は、「当時（昭和三十六年）の記録をめくってみると、十二月一ヵ月間の陳情先、相談相手の、それも主なものだけを拾ってみても、賀屋興宣氏、周山会（佐藤栄作派）、春秋会（河野一郎派）、水曜会（自民党中間派）、社会党運輸部会、自民党交通部会、宏池会（池田勇人派）、吉田茂氏、福田赳夫氏（中略）あげてゆけばきりがない。（中略）こうした人たちに会う計画はほとんど米田さんがたてられ」たと、陳情活動の精力さを回顧している。前掲、米田冨士雄追想録編さん委員会編『米田冨士雄追想録』一三九頁。第3章の註(87)も参照。米田の旧制五高出身に関しては、同右、九、一四一―一四三、二九五頁の追想や小伝が参考となる。

(105) 前掲、日刊海事通信社編『計画造船の記録』第二集、七〇―七三頁。

(106) 「海運業の再建整備に関する臨時措置法案」（『運輸省関係審議録（昭和三九年分まで）法律三二』国立公文書館

所蔵）。このメモは、二月四日の政調審議会で保留されたことを記述したのか、四日にそれ以前に政調審議会で保留されたことがあることを記述したのか、やや判別が難しい。なぜなら、註（107）で言及する新聞記事や自民党の『政策月報』を踏まえると、海運関連の政調審議会の開催は二月五日だからである。無論、書き入れた人間の日付の誤りや海運再建懇談会を指している可能性もある。とはいえ、メモの上にある閣議と記された判子（日付が別途書き込めるよう空欄になっている）に二月五日と記入され、その下に保留されたことが書いてある以上、少なくとも当初の段取りから遅滞したことを書いたものであることは間違いないと考える。

（107）『朝日新聞』一九六三年二月六日。『政策月報』の政務調査会日誌でも、二月四日に海運再建懇談会が開催され、同月五日に政調審議会が開催されたことが確認できる（『政策月報』第八六号、一九六三年、一八〇－一八一頁）。二月五日に閣議決定を予定していた点については、「海運業の再建整備に関する臨時措置法案」（『進達原議綴・昭和三八年自一月三〇日至二月六日（三）』国立公文書館所蔵）内の内閣法制局の内部決裁文書や大蔵・運輸大臣の閣議請議文書も参照。

（108）通説では、一九六二年二月の赤城宗徳総務会長の大平正芳内閣官房長官宛書簡（赤城書簡）をもって、法案に対する自民党の与党事前審査制のルールが確立されたとされる。この点は、前掲、奥・河野編『自民党政治の源流』によって始点に関する解釈の修正が試みられてきた。他方で、赤城書簡に関して川人貞史は、通説の立場をとりつつ、常会に提出する法律案の審査手続き時期を早めることを目指した、前年の内閣から各省庁への法案提出手続きの整備に関する閣議申し合わせに着目し、書簡の内容が内閣の新たな法案提出手続きへと接合する目的であったと解している。こうした点も鑑みれば、少なくとも「海運業の再建整備に関する臨時措置法案」の閣議決定直前の過程は、与党側の法案手続きに関する事前審査が厳格に機能していることを意味しよう。川人貞史「与党審査の制度化とその源流――奥健太郎・河野康子編『自民党政治の源流』と研究の進展に向けて」『選挙研究』（第三二巻第二号、二〇一六年）八二－八四頁。

◆終章　計画造船における政党と官僚制

（1）本書が明らかにした計画造船の制度的定着の道程は、開始された政策がその内容や実施方法を徐々に変化させていく過程でもあった。こうした漸進的側面に注目した制度的定着や制度変化に対する関心は、「新しい制度史」研究が重視した歴史観や歴史的制度論における制度変化論とも共有しうるものである。「新しい制度史」研究のアプローチは、伊藤正次「「新しい制度史」と日本の政治行政研究――その視座と可能性」（『法学会雑誌』第四七巻第一号、二〇〇六年）を参照。また歴史的制度論における制度変化論は、例えば、Streeck, Wolfgang and Kathleen Thelen eds., *Beyond Continuity: Institutional Change in Advanced Political Economies* (Oxford University Press, 2005) を参照。

（2）例えば、奥健太郎による自民党の意思決定過程の制度化研究は、その実態を考えるうえで重要である。近年のものとして、奥健太郎「自民党結党直後の政務調査会――健康保険法改正問題の事例分析」（日本政治学会編『年報政治学二〇一六－Ⅱ　政党研究のフロンティア』木鐸社、二〇一六年）や、同「事前審査制の導入と自民党政調会の拡大――『衆議院公報』の分析を通じて」（『選挙研究』第三四巻第二号、二〇一八年）が挙げられる。

（3）当然のことながら、ここでの通産省の産業政策像とは一種の理念型であり、詳細な事例分析を行えば、通産省内の対象とする産業や時期によっても産業政策の態様は異なる。こうした点は、松井隆幸『戦後日本産業政策の政策過程』（九州大学出版会、一九九七年）を参照。

（4）高度経済成長期から安定期を対象に、レント概念とネットワーク論から産業政策を再検討したものとして、驛賢太郎「高度経済成長期における産業政策論の再検討――レント概念を手掛かりにして」（『神戸法学雑誌』第六二巻第一・二号、二〇一二年）が挙げられる。もっとも具体的な分析対象は大蔵省や金融業であり、むしろ運輸省や通産省、農水省などのなかで必ずしも政治学的に検討されてこなかった諸産業の事例分析が今後蓄積されることが、比較検討するうえで重要であると考えている。

（5）政策（史）研究の集積を分析し、そこから政治構造の特徴を描き出す研究として、Grossmann, Matt, *Artists of the Possible: Governing Networks and American Policy Change Since 1945* (Oxford University Press, 2014) も参照。同様に様々な政策史研究により、政策選択が政府とその政治のあり方を支える政治秩序にダイナミックな影響を与えている点を分析したものとして、Jenkins, Jeffery A. and Sidney M. Milkis eds. *The Politics of Major Policy Reform in Postwar America* (Cambridge University Press, 2014) が挙げられる。こうしたアメリカでの政策史研究は、「政策国家」(policy state) の議論として整理され、一九五〇年代前後のアメリカ政治に対する歴史的な再評価などが進められてきた。「政策国家」の概念自体は、その議論を主導してきた論者らによる、Orren, Karen and Stephen Skowronek, *The Policy State: An American Predicament* (Harvard University Press, 2017) も参照。

（6）東京新聞編集局編『土光敏夫　日本への直言』東京新聞出版局、一九八四年、一〇三頁。

（7）一例として、経団連会長の時に土光は、自民党に対して行われていた政治献金の企業の割り当てをやめ、窓口を「国民協会」に一本化している。これは、一九七四年の参議院選挙が企業ぐるみの選挙として金権性を批判されたことによるものであったが、土光にとって造船疑獄の際の政界と業界の関係を惹起させるものであったと考えられる。同右。土光敏夫『日々に新たに――わが人生を語る』ＰＨＰ研究所、一九九五年、六七頁。土光敏夫『私の履歴書』日本経済新聞社、一九八三年、一八三頁。

（8）中村慶一郎『河本敏夫・全人像』行政問題研究所出版局、一九八二年、八六－八七頁。

（9）毎日新聞社経済部編『ドキュメント　沈没――三光汽船の栄光と挫折』毎日新聞社、一九八五年、六八－七四頁。

（10）同右、一九七－一九八頁。三木武夫の秘書であった岩野美代治は、「三光が景気がいいということが、現実に金がなくても河本には泉のごとく資金力があると政界は見るんです。この効果が河本を総裁候補にしてきたんです」（一九八四年八月三一日の条）という自身の発言メモを残している。岩野美代治著・竹内桂編『三木武夫秘書備忘録』吉田書店、二〇二〇年、四〇五頁。

参考文献

邦語文献

秋月謙吾「空港整備政策の展開――国際環境の変動と国内公共事業」『年報行政研究』第三五号、二〇〇〇年。

秋山龍他「歴代事務次官回顧録」『トランスポート』第二九巻第六号、一九七九年。

秋吉貴雄『公共政策の変容と政策科学――日米航空輸送産業における二つの規制改革』有斐閣、二〇〇七年。

浅井良夫『戦後改革と民主主義――経済復興から高度成長へ』吉川弘文館、二〇〇一年。

浅井良夫「開発の五〇年代から成長の六〇年代へ――高度成長期の経済と社会」『国立歴史民俗博物館研究報告』第一七一集、二〇一一年。

浅尾新甫『激動期の海運』日刊海事新聞社、一九六五年。

足立幸男・森脇俊雅編『公共政策学』ミネルヴァ書房、二〇〇三年。

天川晃「第一次吉田内閣」辻清明・林茂編『日本内閣史録』第五巻、第一法規出版社、一九八一年。

雨宮昭一『戦時戦後体制論』岩波書店、一九九七年。

荒川憲一『戦時経済体制の構想と展開――日本陸海軍の経済史的分析』岩波書店、二〇一一年。

有田喜一『八十年の歩み――有田喜一自叙伝』有田喜一自叙伝刊行会、一九八一年。

有吉義弥『占領下の日本海運――終戦から講和発効までの海運側面史』国際海運新聞社、一九六一年。

飯尾潤『民営化の政治過程――臨調型改革の成果と限界』東京大学出版会、一九九三年。

飯尾潤『日本の統治構造――官僚内閣制から議院内閣制へ』中央公論新社、二〇〇七年。

池田勇人『均衡財政　附・占領下三年のおもいで』中央公論新社、一九九九年。

石井晋「重点的産業振興と市場経済――戦後復興期の海運と造船」『社会経済史学』第六三巻第一号、一九九七年。

石川準吉『国家総動員史』第九巻、国家総動員史刊行会、一九八〇年。

石橋湛一・伊藤隆編『石橋湛山日記　昭和二〇‐三一年』上・下、みすず書房、二〇〇一年。

石橋湛山『湛山回想』岩波書店、一九八五年。

石橋湛山『湛山座談』岩波書店、一九九四年。

伊藤大一『現代日本官僚制の分析』東京大学出版会、一九八〇年。

伊藤正次「「新しい制度史」と日本の政治行政研究――その視座と可能性」『法学会雑誌』第四七巻第一号、二〇〇六年。

稲吉晃『海港の政治史――明治から戦後へ』名古屋大学出版会、二〇一四年。

猪口孝『現代日本政治経済の構図――政府と市場』東洋経済新報社、一九八三年。

猪口孝・岩井奉信『「族議員」の研究――自民党政権を牛耳る主役たち』日本経済新聞社、一九八七年。

今村都南雄『官庁セクショナリズム』東京大学出版会、二〇〇六年。

岩野美代治著・竹内桂編『三木武夫秘書備忘録』吉田書店、二〇二〇年。

臭住弘久『公企業の成立と展開――戦時期・戦後復興期の営団・公社・公団』岩波書店、二〇〇九年。

内山融『現代日本の国家と市場――石油危機以降の市場の脱〈公的領域〉化』東京大学出版会、一九九八年。

運輸省五〇年史編纂室編『運輸省五十年史』運輸省五〇年史編纂室、一九九九年。

驛賢太郎「高度経済成長期における産業政策論の再検討――レント概念を手掛かりにして」『神戸法学雑誌』第六二巻第一・二号、二〇一二年。

エコノミスト編集部編『戦後産業史への証言』第二巻、毎日新聞社、一九七七年。

エコノミスト編集部編『戦後産業史への証言』第五巻、毎日新聞社、一九七九年。

エコノミスト編集部編『証言・高度成長期の日本』上、毎日新聞社、一九八四年。

衛藤瀋吉『佐藤栄作』時事通信社、一九八七年。

大蔵省財政史室編『昭和財政史――終戦から講和まで』第一巻、東洋経済新報社、一九八四年。

大蔵省財政史室編『昭和財政史――終戦から講和まで』第三巻、東洋経済新報社、一九七六年。

大蔵省財政史室編『昭和財政史――終戦から講和まで』第一一巻、東洋経済新報社、一九八三年。

大蔵省財政史室編『昭和財政史――終戦から講和まで』第一二巻、東洋経済新報社、一九七六年。

大蔵省財政史室編『昭和財政史――終戦から講和まで』第一三巻、東洋経済新報社、一九八三年。

大蔵省財政史室編『昭和財政史――終戦から講和まで』第一八巻、東洋経済新報社、一九八二年。

大蔵省財政史室編『昭和財政史――終戦から講和まで』第二〇巻、東洋経済新報社、一九八二年。

大蔵省財政史室編『対占領軍交渉秘録　渡辺武日記』東洋経済新報社、一九八三年。

大蔵省財政史室編『昭和財政史――昭和二七〜四八年度』第二巻、東洋経済新報社、一九九八年。

大蔵省財政史室編『昭和財政史――昭和二七〜四八年度』第三巻、東洋経済新報社、一九九四年。

大蔵省財政史室編『昭和財政史――昭和二七〜四八年度』第一〇巻、東洋経済新報社、一九九一年。

大嶽秀夫「鳩山・岸時代における「小さい政府」論――一九五〇年代後期における減税政策」日本政治学会編『年報政治学一九九一　戦後国家の形成と経済発展――占領以後』岩波書店、一九九一年。

大山耕輔『行政指導の政治経済学――産業政策の形成と実施』有斐閣、一九九六年。

岡義武編『現代日本の政治過程』岩波書店、一九五八年。

岡本哲和「政策終了論――その困難さと今後の可能性」足立幸男・森脇俊雅編『公共政策学』ミネルヴァ書房、二〇〇三年。

岡本哲和「二つの終了をめぐる過程――国会議員年金と地方議員年金のケース」『公共政策研究』第一二号、二〇一二年。

奥健太郎「事前審査制の起点と定着に関する一考察――自民党結党前後の政務調査会」『法学研究』第八七巻第一号、二〇一四年。

奥健太郎「自民党結党直後の政務調査会――健康保険法改正問題の事例分析」日本政治学会編『年報政治学二〇一六－Ⅱ　政党研究のフロンティア』木鐸社、二〇一六年。

奥健太郎「事前審査制の導入と自民党政調会の拡大――『衆議院公報』の分析を通じて」『選挙研究』第三四巻第二号、二〇一八年。

奥健太郎・河野康子編『自民党政治の源流――事前審査制の史的検証』吉田書店、二〇一五年。

小田義幸『戦後食糧行政の起源――戦中・戦後の食糧危機をめぐる政治と行政』慶應義塾大学出版会、二〇一二年。

海事産業研究所『日本海運戦後助成史』運輸省、一九六七年。

海事産業研究所『戦後海運造船経営史研究会（ヒヤリング速記録）』海事産業研究所、一九九〇年。

海事振興連盟『三十五年の歩み』海事振興連盟、一九八四年。

外務省編『初期対日占領政策――朝海浩一郎報告書』上、毎日新聞社、一九七八年。

加藤淳子『税制改革と官僚制』東京大学出版会、一九九七年。

金井利之『行政学概説』放送大学教育振興会、二〇二〇年。

金杉秀信『金杉秀信オーラルヒストリー』慶應義塾大学出版会、二〇一〇年。

上川龍之進「官僚の執務知識と政官関係」『阪大法学』第六九巻第三・四号、二〇一九年。

河合晃一『政治権力と行政組織――中央省庁の日本型制度設計』勁草書房、二〇一九年。

川崎汽船株式会社編『川崎汽船五十年史』川崎汽船株式会社、一九六九年。

川人貞史『日本の国会制度と政党政治』東京大学出版会、二〇〇五年。

川人貞史「与党審査の制度化とその源流――奥健太郎・河野康子編『自民党政治の源流』と研究の進展に向けて」『選挙研究』第三二巻第二号、二〇一六年。

北岡伸一『自民党――政権党の三八年』読売新聞社、一九九五年。

北山俊哉「日本における産業政策の執行過程――繊維産業と鉄鋼業（一）」『法学論叢』第一一七巻第五号、一九八五年。

北山俊哉「産業政策の政治学から産業の政治経済学へ――一九三〇年代の日米政治経済（重要産業統制法と全国産業復興法）」『レヴァイアサン』臨時増刊号（一九九〇年夏）、一九九〇年。

銀行協会二〇年史編纂室編『銀行協会二十年史』全国日本銀行協会連合会、一九六五年。

久米郁男「鳩山・岸路線と戦後政治経済体制――市場の「政治性」への一考察」『レヴァイアサン』第二〇号、一九九七年。

久米郁男「利益団体政治の変容」村松岐夫・久米郁男『日本政治変動の三〇年――政治家・官僚・団体調査に見る構造変容』東洋経済新報社、二〇〇六年。

経営史学会編『経営史学の五〇年』日本経済評論社、二〇一五年。

河野康子「復興期の政党政治――軍需補償打ち切り問題を中心として」『法学志林』第九八巻第四号、二〇〇一年。

河本敏夫『波濤三十年』三光汽船、一九六八年。

小風秀雅『帝国主義下の日本海運――国際競争と対外自立』山川出版社、一九九五年。

古地順一郎「ローズの政策ネットワーク論」岩崎正洋編『政策過程の理論分析』三和書籍、二〇一二年。

小玉重夫・荻原克男・村上祐介「教育はなぜ脱政治化してきたか――戦後史における一九五〇年代の再検討」日本政治学会編『年報政治学二〇一六－Ｉ　政治と教育』木鐸社、二〇一六年。

小林正彬『戦後海運業の労働問題――予備員制と日本的雇用』日本経済評論社、一九九二年。

小湊浩二「第五次計画造船と船舶輸出をめぐる占領政策――経済「自立」の論理と具体化」『土地制度史学』第四三巻第一号、二〇〇〇年。

小宮京『自由民主党の誕生――総裁公選と組織政党論』木鐸社、二〇一〇年。

小宮隆太郎・奥野正寛・鈴木興太郎編『日本の産業政策』東京大学出版会、一九八四年。

佐々田博教『制度発展と政策アイディア――満州国・戦時期日本・戦後日本にみる開発型国家システムの展開』木鐸社、二〇一一年。

佐藤栄作『佐藤栄作日記』第一巻、朝日新聞社、一九九八年。

佐藤誠三郎・松崎哲久『自民党政権』中央公論社、一九八六年。

清水真人『平成デモクラシー史』筑摩書房、二〇一八年。

一〇年史編纂委員会編『日本開発銀行一〇年史』日本開発銀行、一九六三年。

尚友倶楽部・中園裕・内藤一成・村井良太・奈良岡聰智・小宮京編『河合弥八日記　戦後篇』第三巻、信山社、二〇一八年。

代田武夫『秘録　海運業の集約と再建』潮流社、一九六五年。

代田武夫『日本海運〝死闘〟の航跡――集約・再編成史』シッピング・ジャーナル社、一九七九年。

城山英明『国際行政の構造』東京大学出版会、一九九七年。

新川敏光「ネットワーク論の射程」『季刊行政管理研究』第五九号、一九九二年。

新川敏光、ジュリアーノ・ボノーリ編『年金改革の比較政治学――経路依存と非難回避』ミネルヴァ書房、二〇〇四年。

新谷浩史「ネットワーク管理論の射程」『年報行政研究』第三九号、二〇〇四年。

進藤榮一・下河辺元春編『芦田均日記』第四巻、岩波書店、一九八六年。

進藤榮一・下河辺元春編『芦田均日記』第五巻、岩波書店、一九八六年。

杉山和雄「海運金融政策と日本船主協会（一九四八－一九五〇）――海事金融金庫設立問題」『成蹊大学経済学部論集』第一九巻第二号、一九八九年。

杉山和雄「計画造船（第五次〜第一八次）の資金調達」『成蹊大学経済学部論集』第二〇巻第二号、一九九〇年。

杉山和雄「自己資金船建造政策の展開――一九五五〜六〇年度」『成蹊大学経済学部論集』第二二巻第一号、一九九一年。

杉山和雄「海運金融政策と海運議員連盟（一九四九－一九五三）」『成蹊大学経済学部論集』第二二巻第二号、一九九二年。

杉山和雄『海運復興期の資金問題――助成と市中資金』日本経済評論社、一九九二年。

杉山和雄『戦間期海運金融の政策過程――諸構想の対立と調整』有斐閣、一九九四年。

「政治と人」刊行会編『一粒の麦――いま蘇る星島二郎の生涯』廣済堂出版、一九九六年。

総合研究開発機構戦後経済政策資料研究会編『経済安定本部戦後経済政策資料』第四〇巻、日本経済評論社、一九九六年。

総合研究開発機構戦後経済政策資料研究会編『経済安定本部戦後経済政策資料　戦後経済計画資料』第一巻、日本経済評論社、一九九七年。

総合研究開発機構戦後経済政策資料研究会『国民所得倍増計画資料』第一巻、日本経済評論社、一九九九年。

総合研究開発機構戦後経済政策資料研究会『国民所得倍増計画資料』第一九巻、日本経済評論社、二〇〇〇年。

曽我謙悟『現代日本の官僚制』東京大学出版会、二〇一六年。

高柳暁『海運・造船業の技術と経営――技術革新の軌跡』日本経済評論社、一九九三年。

武田知己『重光葵と戦後政治』吉川弘文館、二〇〇二年。

武智秀之『政策学講義――決定の合理性〔第二版〕』中央大学出版部、二〇一七年。

竹中治堅編『二つの政権交代――政策は変わったのか』勁草書房、二〇一七年。

建林正彦「産業政策と行政」西尾勝・村松岐夫編『講座　行政学』第三巻、有斐閣、一九九四年。

田中二郎・佐藤功・野村二郎編『戦後政治裁判史録』第二巻、第一法規出版、一九八〇年。

田邊國昭「二〇世紀の学問としての行政学？――「新しい公共管理論（New Public Management）」の投げかけるもの」『年報行政研究』第三六号、二〇〇一年。

地田知平『日本海運の高度成長――昭和三九年から四八年まで』日本経済評論社、一九九三年。

辻清明『新版　日本官僚制の研究』東京大学出版会、一九六九年。

辻中豊編『政治変動期の圧力団体』有斐閣、二〇一六年。

恒川恵市『企業と国家』東京大学出版会、一九九六年。

粒針修・壺井義城『さまざまなことおもひだすさくらかな――壺井玄剛伝』日刊海事通信社、一九九七年。

壺井玄剛『日本海運の変貌』日本海事振興会、一九四六年。

鶴田俊正『戦後日本の産業政策』日本経済新聞社、一九八二年。

手塚洋輔「政策変化とアイディアの共有――地下鉄補助政策における省庁間紛争と政党」『法学』第六六巻第六号、二〇〇三年。

手塚洋輔『戦後行政の構造とディレンマ――予防接種行政の変遷』藤原書店、二〇一〇年。

寺谷武明『造船業の復興と発展――世界の王座へ』日本経済評論社、一九九三年。

東京新聞編集局編『土光敏夫　日本への直言』東京新聞出版局、一九八四年。

土光敏夫『私の履歴書』日本経済新聞社、一九八三年。

土光敏夫『日々に新たに――わが人生を語る』ＰＨＰ研究所、一九九五年。

冨森叡児『戦後保守党史』岩波書店、二〇〇六年。

中川敬一郎『戦後日本の海運と造船――一九五〇年代の苦闘』日本経済評論社、一九九二年。

中北浩爾『一九五五年体制の成立』東京大学出版会、二〇〇二年。

中北浩爾『自民党政治の変容』ＮＨＫ出版、二〇一四年。

中北浩爾『自民党――「一強」の実像』中央公論新社、二〇一七年。

中北浩爾『自公政権とは何か――「連立」にみる強さの正体』筑摩書房、二〇一九年。

長沼源太編『長沼弘毅――長沼弘毅追悼録』あゆむ出版、一九七八年。

中村慶一郎『河本敏夫・全人像』行政問題研究所出版局、一九八二年。

中村隆英「過渡期としての一九五〇年代」中村隆英・宮崎正康編『過渡期としての一九五〇年代』東京大学出版会、一九九七年。

中村隆英・宮崎正康編『過渡期としての一九五〇年代』東京大学出版会、一九九七年。

中村隆英『昭和史』下、東洋経済新報社、二〇一二年。

中村隆英・宮崎正康編『岸信介政権と高度成長』東洋経済新報社、二〇〇三年。

永森誠一「政策の構成――造船政策と不況対策（一）（二）」『国学院法学』第二七巻第三号・第四号、一九九〇年。

永森誠一、リチャード・ボイド「危機意識の政治過程――英国および日本における造船危機」『国学院法学』第二六巻第一号、一九八八年。

中山洋平「地方公共投資と党派ネットワークの変容――フランス政治における公的資金の「水流」（一九二〇年代～一九七〇年代）（一）-（六）」『国家学会雑誌』第一二三巻第一・二-七・八号、第一二四巻第　・二、七・八号、二〇一〇、二〇一一年。

「楢橋渡伝」編集委員会編『楢橋渡伝』「楢橋渡伝」出版会、一九八二年。

西尾勝『行政学〔新版〕』有斐閣、二〇〇一年。

西岡晋「福祉国家縮減期における福祉政治とその分析視角」『公共研究』第二巻第一号、二〇〇五年。

西岡晋「福祉国家改革の非難回避政治――日英公的扶助制度改革の比較事例分析」『日本比較政治学会年報』第一五号、二〇一三年。

西岡晋「政策研究に「時間を呼び戻す」――政策発展論の鉱脈」『季刊行政管理研究』第一四五号、二〇一四年。

日刊海事通信社編『計画造船の記録』日本海事図書出版、一九六〇年。

日刊海事通信社編『計画造船の記録』第二集、日本海事図書出版、一九六一年。

日刊海事通信社編『計画造船と公団船の記録』協同企画社、一九六九年。

日本経営史研究所編『創業百年史』大阪商船三井船舶、一九八五年。

日本経営史研究所編『日本郵船株式会社百年史』日本郵船、一九八八年。

日本経営史研究所編『日本郵船百年史資料』日本郵船、一九八八年。

日本交通文化協会編集部編『追想録　荒木茂久二』追想録荒木茂久二刊行会、一九九二年。

日本政策投資銀行編『日本開発銀行史』日本政策投資銀行、二〇〇二年。

日本船主協会『日本船主協会二〇年史』日本船主協会、一九六八年。

日本造船工業会『日本造船工業会三〇年史』日本造船工業会、一九八〇年。

野口悠紀雄『一九四〇年体制――さらば戦時経済　増補版』東洋経済新報社、二〇一〇年。

橋本寿朗「戦略をもった調整者としての政府の役割――戦後復興期における「計画造船」と運輸省の活動・役割」『社会科学研究』第四八巻第五号、一九九七年。

橋本寿朗・長谷川信・宮島英昭・齋藤直『現代日本経済　第三版』有斐閣、二〇一一年。

服部龍二『佐藤栄作――最長不倒政権への道』朝日新聞出版、二〇一七年。

濱本真輔『現代日本の政党政治――選挙制度改革は何をもたらしたのか』有斐閣、二〇一八年。

林昌宏『地方分権化と不確実性――多重行政化した港湾整備事業』吉田書店、二〇二〇年。

原田久「政策・制度・管理――政策ネットワーク論の複眼的考察」『季刊行政管理研究』第八一号、一九九九年。

平田敬一郎・忠佐市・泉美之松編『昭和税制の回顧と展望』上巻、大蔵財務協会、一九七九年。

樋渡展洋『戦後日本の市場と政治』東京大学出版会、一九九一年。

樋渡展洋・三浦まり編『流動期の日本政治――「失われた十年」の政治学的検証』東京大学出版会、二〇〇二年。

深谷健『規制緩和と市場構造の変化――航空・石油・通信セクターにおける均衡経路の比較分析』日本評論社、二〇一二年。

福元健太郎『日本の国会政治――全政府立法の分析』東京大学出版会、二〇〇〇年。

復興金融金庫『復金融資の回顧』復興金融金庫、一九五〇年。

藤井禎介「産業政策における国家と企業（一）・（二）」『大阪市立大学法学雑誌』第四五巻第三・四号、第四六巻第一号、一九九九年。

藤井信幸『池田勇人――所得倍増でいくんだ』ミネルヴァ書房、二〇一二年。

毎日新聞社経済部編『ドキュメント　沈没――三光汽船の栄光と挫折』毎日新聞社、一九八五年。

牧原出『内閣政治と「大蔵省支配」――政治主導の条件』中央公論新社、二〇〇三年。

牧原出『行政改革と調整のシステム』東京大学出版会、二〇〇九年。

牧原出『権力移行――何が政治を安定させるのか』ＮＨＫ出版、二〇一三年。

牧原出『崩れる政治を立て直す――二一世紀の日本行政改革論』講談社、二〇一八年。

牧原出「政治家・官僚関係の新展開――一九五〇～一九六〇年代」『昭和史講義【戦後篇】』下、筑摩書房、二〇二〇年。

増田弘『公職追放――三大政治パージの研究』東京大学出版会、一九九六年。

升味準之輔『戦後政治　一九四五－一九五五年』下、東京大学出版会、一九八三年。

俣野健輔『俣野健輔の回想――昭和海運風雲録』南日本新聞社、一九七二年。

待鳥聡史『首相政治の制度分析――現代日本政治の権力基盤形成』千倉書房、二〇一二年。

待鳥聡史「海運政策とパクス・アメリカーナ」田所昌幸・阿川尚之編『海洋国家としてのアメリカ――パクス・アメリカーナへの道』千倉書房、二〇一三年。

松井隆幸『戦後日本産業政策の政策過程』九州大学出版会、一九九七年。

真渕勝『大蔵省統制の政治経済学』中央公論社、一九九四年。

真渕勝「日本の産業融資――金融官庁の産業政策と産業官庁の金融政策」『レヴァイアサン』第一六号、一九九五年。

真渕勝「国家の銀行――復興金融金庫と日本開発銀行」『年報政治学一九九五　現代日本政官関係の形成過程』岩波書店、一九九五年。

御厨貴『政策の総合と権力――日本政治の戦前と戦後』東京大学出版会、一九九六年。

御厨貴「機振法イメージの政治史的意味――新しい産業政策の実像と虚像」北岡伸一・御厨貴編『戦争・復興・発展――昭和政治史における権力と構造』東京大学出版会、二〇〇〇年。

御厨貴『戦後をつくる――追憶から希望への透視図』吉田書店、二〇一六年。

御厨貴・中村隆英編『聞き書　宮澤喜一回顧録』岩波書店、二〇〇五年。

水田三喜男追想集刊行委員会編『おもひ出――水田三喜男追想集』水田三喜男追想集刊行委員会、一九七七年。

溝田誠吾「造船――経営多角化と組織革新」米川伸一・下川浩一・山崎広明編『戦後日本経営史』第Ⅰ巻、東洋経済新報社、一九九一年。

水戸孝道『石油市場の政治経済学――日本とカナダにおける石油産業規制と市場介入』九州大学出版会、二〇〇六年。

宮本又郎『企業家たちの挑戦』中央公論新社、一九九九年。

三輪芳明、J・マーク・ラムザイヤー『産業政策論の誤解——高度成長の真実』東洋経済新報社、二〇〇二年。

三和良一『占領期の日本海運——再建への道』日本経済評論社、一九九二年。

村井哲也「戦後政治と保守合同の相克——吉田ワンマンから自民党政権へ」坂本一登・五百旗頭薫編『日本政治史の新地平』吉田書店、二〇一三年。

村井良太『佐藤栄作——戦後日本の政治指導者』中央公論新社、二〇一九年。

村上泰亮『新中間大衆の時代』中央公論社、一九八四年。

村上裕一『技術基準と官僚制——変容する規制空間の中で』岩波書店、二〇一六年。

村松岐夫『戦後日本の官僚制』東洋経済新報社、一九八一年。

村松岐夫『日本の行政——活動型官僚制の変貌』中央公論社、一九九四年。

村松岐夫『行政学教科書——現代行政の政治分析〔第二版〕』有斐閣、二〇〇一年。

村松岐夫『政官スクラム型リーダーシップの崩壊』東洋経済新報社、二〇一〇年。

森武麿「戦前と戦後の断絶と連続——日本近現代史研究の課題」『一橋論叢』第一二七巻第六号、二〇〇二年。

森田朗『許認可行政と官僚制』岩波書店、一九八八年。

森田朗「日本の衰退産業政策——第一次石油危機による造船不況への対応を例として」『法学論集』第四巻第一号、一九八九年。

柳至『不利益分配の政治学——地方自治体における政策廃止』有斐閣、二〇一八年。

山縣勝見『風雪十年』海事文化研究所、一九五九年。

山口二郎『大蔵官僚支配の終焉』岩波書店、一九八七年。

山口由等「一九五〇年代論の検討と流通史研究——商業復興以後・セルフサービス以前」『愛媛大学法文学部論集　総

合政策学科編』第二四号、二〇〇八年。

山下幸夫『海運・造船業の技術と経営――技術革新の軌跡』日本経済評論社、一九九三年。

山田健「出先機関と地方自治体の中央―地方関係――高度成長期の名古屋港整備を事例として」『北大法学論集』第六九巻第二号、二〇一八年。

吉川洋『高度成長――日本を変えた六〇〇〇日』中央公論新社、二〇一二年。

米澤義衛「造船業」小宮隆太郎・奥野正寛・鈴木興太郎編『日本の産業政策』東京大学出版会、一九八四年。

米田冨士雄『現代日本海運史観』海事産業研究所、一九七八年。

米田冨士雄追想録編さん委員会編『米田冨士雄追想録』米田冨士雄追想録編さん委員会、一九七九年。

読売新聞社会部『捜査――汚職をあばく』有紀書房、一九五七年。

笠京子「戦後日本の交通政策における構造・制度・過程――京都市地下鉄建設計画を事例に」『香川法学』第一二巻第二号、一九九二年。

若林悠「一九五〇年代の海運政策と造船疑獄――計画造船をめぐる政治と行政」『年報行政研究』第五一号、二〇一六年。

若林悠『日本気象行政史の研究――天気予報における官僚制と社会』東京大学出版会、二〇一九年。

脇村義太郎『二十一世紀を望んで――続 回想九十年』岩波書店、一九九三年。

渡辺武『占領下の日本財政覚え書』日本経済新聞社、一九六六年。

渡邉文幸『指揮権発動――造船疑獄と戦後検察の確立』信山社、二〇〇五年。

外国語文献

Beck, Ulrich, *Risk Society: Towards a New Modernity*, Sage Publications, 1992.

Calder, Kent E., *Strategic Capitalism: Private Business and Public Purpose in Japanese Industrial Finance,* Princeton University Press, 1995.

Carpenter, Daniel P., *Reputation and Power: Organizational Image and Pharmaceutical Regulation at the FDA,* Princeton University Press, 2010.

Carpenter, Daniel P. and George A. Krause, "Reputation and Public Administration" *Public Administration Review,* Vol. 72, No. 1, 2012.

Dowding, Keith, "Model or Metaphor?: A Critical Review of the Policy Network Approach" *Political Studies,* Vol. 45, No. 1, 1995.

Dowding, Keith, "There Must Be End to Confusion: Policy Networks, Intellectual Fatigue, and the Need for Political Science Method Courses in British Universities" *Political Studies,* Vol. 49, No. 1, 2001.

Evans, Peter B., Dietrich Rueschemeyer and Theda Skocpol eds., *Bringing the State Back In,* Cambridge University Press, 1985.

Friedman, David, *The Misunderstood Miracle: Industrial Development and Political Change in Japan,* Cornell University Press, 1988.

Grossmann, Matt, *Artists of the Possible: Governing Networks and American Policy Change Since 1945,* Oxford University Press, 2014.

Hay, Colin, Michael Lister and David Marsh eds., *The State: Theories and Issues,* Palgrave Macmillan, 2005.

Heclo, Hugh, "Issue Networks and the Executive Establishment," in Anthony King, ed., *New American Political System,* American Enterprise Institute Press, 1978.

Hogwood, Brian, *Government and Shipbuilding: The Politics of Industrial Change,* Saxon House, 1979.

Hood, Christopher, *Blame Game: Spin, Bureaucracy, and Self-Preservation in Government,* Princeton University Press, 2011.

Hood, Christopher and Martin Lodge, *The Politics of Public Service Bargains: Reward, Competency, Loyalty - And Blame,* Oxford University Press, 2006.

Hood, Christopher, Will Jennings, Ruth Dixon, Brian Hogwood, and Craig Beeston, "Testing Times: Exploring Staged Responses and the Impact of Blame Management Strategies in Two Exam Fiasco Cases" *European Journal of Political Research,* Vol. 48, No. 6, 2009.

Hood, Christopher, Will Jennings and Paul Copeland, "Blame Avoidance in Comparative Perspective: Reactivity, Staged Retreat and Efficacy" *Public Administration,* Vol. 94, No. 2, 2016.

Jenkins, Jeffery A. and Sidney M. Milkis eds., *The Politics of Major Policy Reform in Postwar America*, Cambridge University Press, 2014.

Johnson, Chalmers, *MITI and the Japanese Miracle: The Growth of Industrial Policy, 1925-1975,* Stanford University Press, 1982.

Katzenstein, Peter J. ed., *Between Power and Plenty: Foreign Economic Policies of Advanced Industrial States,* University of Wisconsin Press, 1978.

Kisby, Ben, "Analysing Policy Networks: towards an Ideational Approach" *Policy Studies,* Vol. 28, No.1, 2007.

Marsh, David and Martin Smith, "Understanding Policy Networks: toward a Dialectical Approach" *Political Studies,* Vol. 48, No. 1, 2000.

Marsh, David and Martin Smith, "There is More than One Way to Do Political Science: Different Ways to Study Policy Networks" *Political Studies,* Vol. 49, No. 3, 2001.

Okimoto, Daniel, *Between MITI and the Market: Japanese Industrial Policy for High Technology*, Stanford University Press, 1990.

Orren, Karen and Stephen Skowronek, *The Policy State: An American Predicament*, Harvard University Press, 2017.

Pierre, Jon and Brainard G. Peters, *Governance, Politics, and the State*, Palgrave Macmillan, 2000.

Pierson, Paul, *Dismantling the Welfare State?: Reagan, Thatcher, and the Politics of Retrenchment*, Cambridge University Press, 1994.

Pierson, Paul, *Politics in Time: History, Institutions, and Social Analysis*, Princeton University Press, 2004.

Pierson, Paul, "Public Policies as Institutions" in Ian Shapiro, Stephen Skowronek and Daniel Galvin eds., *Rethinking Political Institutions: The Art of the State*, New York University Press, 2006.

Power, Michael, *The Risk Management of Everything: Rethinking the Politics of Uncertainty*, Demos, 2004.

Riccucci, Norma, *Policy Drift: Shared Powers and the Making of U.S. Law and Policy*, New York University Press, 2018.

Rhodes, Roderick A. W., "Policy Network Analysis," in Michael Moran, Martin Rein and Robert E. Goodin eds., *The Oxford Handbook of Public Policy*, Oxford University Press, 2008.

Rhodes, Roderick A. W. and David Marsh, "Policy Networks in Britain: A Critique of Existing Approaches," in David Marsh and Roderick A. W. Rhodes eds., *Policy Networks in British Government*, Oxford University Press, 1992.

Samuels, Richard, *The Business of the Japanese State: Energy Markets in Comparative and Historical Perspective*, Cornell University Press, 1987.

Streeck, Wolfgang and Kathleen Thelen eds., *Beyond Continuity: Institutional Change in Advanced Political Economies*, Oxford University Press, 2005.

van Witteloostuijn, Arjen, Arjen Boin, Celesta Kofman, Jeroen Kuilman and Sanneke Kuipers, "Explaining the Survival of Public Organizations: Applying Density Dependence Theory to a Population of US Federal Agencies" *Public Administration,* Vol. 96, No. 4, 2018.

Weaver, Kent, "The Politics of Blame Avoidance" *Journal of Public Policy,* Vol. 6, No. 4, 1986.

Wilson, James Q., *The Investigators: Managing FBI and Narcotics Agents,* Basic Books, 1978.

Zysman, John, *Governments, Markets, and Growth: Financial Systems and Politics of Industrial Change,* Cornell University Press, 1983.

あとがき

　本書は、筆者にとって二冊目の単著であり、前著（『日本気象行政史の研究』）とは双子の兄のような関係になる。気象と海運という扱う領域からはいささか違和感を持たれるかもしれないが、一方で前著が行政と社会の関係を対象に、他方で本書が行政と政治の関係を対象に重点を置きながらも、政策を媒介にして行政の組織的自律性はどのようにして獲得されうるものなのかという理論的な問題関心は重複している。むしろ前著を書いたことによって、本書の理論的な問題関心との共鳴に気づかされたというほうが正しいかもしれない。なぜなら、双子の兄と位置づけたのは、前著が博士論文をもとにしたものであるのに対して、本書は二〇一三年に東北大学大学院法学研究科に提出した修士論文と、その後二〇一六年に歴史分析の部分を圧縮し異なる理論的な観点から再構成した「一九五〇年代の海運政策と造船疑獄」（『年報行政研究』第五一号）を原型論文としているため、研究を始めた時期が重なりながら先行していたからである。

　また、前著が行政史という表現をしていたのに対して、本書が政策史という表現をしていることに気づかれるかもしれない。このことも、前著を書いたことで改めて叙述方法の違いを意識させられる契機となった。行政組織外部とのインターフェイスに対する関心は共通しつつも、前著が行政史として叙述する際に政策と行政組織内部との連関性を意識していたのと比較すれば、本書は組織内部より政策（過程）自体に叙述の重きを置いているのである。それゆえ、本書と前著の重点の違いは、筆者にとって行政学の歴史研究における叙述方法の模索の道程を反映している。

さらに分析視角を検討する際に出発点とした産業政策論は、現在の政治学・行政学の理論的水準から見ると古典的な性格を有している。当初は抜本的に書き直すことも考えていた。しかしながら、いざ検討し始めると、本書が最初期に意識していた、大蔵省や通産省からではなく、運輸省から戦後日本をどのように捉えることができるのかという歴史的な関心は、後景に引いていくように見えた。そもそも計画造船を対象とする以上、産業政策に関わる政治学・行政学の議論を避けることはできない。結局のところ本書の主張が明確になることを最優先し、産業政策論を基礎にしつつも、新たな分析視角を導入することにより、その観点から理論面の加筆・修正は施すことにした。

もっとも歴史分析の部分も、加筆したい事項や修正すべき箇所は想像以上に多かった。最終的に第4章を新たに書き下ろすことにし、その上で原型論文の内容を再構成するかたちで各章を大幅に加筆・修正を施していくことになった。この作業により、筆者が計画造船の政策過程を通じて何を明らかにしたかったのかという意図をより明確にすることができたと考えているが、成功しているかどうかは読み手の判断に委ねる他はない。約一〇年間の研究成果としては僅かなものに過ぎないかもしれないが、前著に続き、大学院進学以来の研究テーマに一区切りをつけることができたことに今はただ安堵している。

本書を世に出すにあたり、最も感謝を述べなければならないのは、大学院進学以来一貫して指導を受けてきた牧原出先生である。今から振り返ると、書き上げることで精一杯だった修士論文を一本の論文の公表ではなく、一冊の本にまとめたいという筆者の原動力は、「将来的には一冊の本にするように」という先生のかつてのご助言に出発点がある。長い年月が過ぎてしまったが、かつて先生が原型論文に見出した行政学上の意義を本書が少しでも敷衍できていればと祈るばかりである。

折に触れて御厨貴先生から戦後日本政治の精緻な分析をお示しいただいたことは、研究を高めていく指針となった。本書が持つ歴史的な面白さを幾らかでも伝えることに成功しているとすれば、それは先生から受けた教えの賜物である。

また原型論文の審査や査読を引き受けていただいた先生方をはじめ、学会や研究会などの様々な場を通じてご助言を賜った先生方にも深く感謝を申し上げたい。本来であれば、すべての先生方のお名前をあげていくべきところであるが、後ろ髪を引かれつつお控えしたことはご容赦いただきたく思う。

二〇二〇年四月に筆者は、現在の勤務校である大東文化大学法学部に着任した。法学部政治学科スタッフの方々の力強いご支援がなければ、新型コロナウイルス感染症の拡大という誰もが容易に見通せない状況のなかで、研究と教育を新たにスタートさせることはできなかった。この場を借りて日頃の感謝を心より申し上げたい。特に武田知己先生には、本書刊行に際して、内容へのコメントから出版助成に至るまで暖かなお力添えをいただいた。ご厚誼に篤く御礼を申し上げたい。大東文化大学国際比較政治研究所の二〇二一年度の出版助成を得て、本書を同所叢書の一冊として刊行できることは、筆者にとって喜びである。

　吉田書店の吉田真也氏は、一冊の本にしたいという筆者の要望を快諾いただき、巧みなスケジュール管理で本書を完成に導いてくださった。改めて感謝を申し上げたい。

　前著に引き続き本書の執筆作業も、両親には心配をかける日々となった。日頃の感謝とお詫びの気持ちを示すものとして、今回も本書を捧げることにしたい。

二〇二二年七月

若林　悠

【は行】

【ま行】

【ら行】

【数字、A～Z】

【さ行】

【た行】

【な行】

事項索引

※本書で多用している各計画造船と利子補給制度の関連法（案）、省庁・政党・関係団体の内部組織の名称は、原則として索引の対象外とした。

【ま行】

【や行】

【ら行】

【わ行】

【さ行】

【た行】

【な行】

【は行】

人名索引

著者紹介
若林 悠（わかばやし・ゆう）
大東文化大学法学部講師　博士（学術）
1986年　千葉県生まれ。
2011年　慶應義塾大学総合政策学部卒業。
2013年　東北大学大学院法学研究科博士前期課程修了。
2018年　東京大学大学院工学系研究科先端学際工学専攻博士課程修了。
東京大学先端科学技術研究センター特任助教を経て、2020年より現職。専攻は行政学。
〔主要業績〕
『日本気象行政史の研究――天気予報における官僚制と社会』（東京大学出版会、2019年）
「オーラル・ヒストリーにおける「残し方」――課題と工夫の「共有」に向けて」（御厨貴編『オーラル・ヒストリーに何ができるか――作り方から使い方まで』岩波書店、2019年）

戦後日本政策過程の原像
計画造船における政党と官僚制
（大東文化大学国際比較政治研究所叢書 第11巻）

2022年 9 月13日　初版第 1 刷発行

著　者　若　林　　悠
発行者　吉　田　真　也
発行所　合同会社 吉　田　書　店
102-0072　東京都千代田区飯田橋2-9-6 東西館ビル本館32
TEL：03-6272-9172　FAX：03-6272-9173
http://www.yoshidapublishing.com/

装幀　野田和浩　　印刷・製本　藤原印刷株式会社
DTP　アベル社
定価はカバーに表示してあります。

ISBN978-4-910590-06-6